Mantosh Kumar Sinha

Biodiversidade das plantas medicinais no distrito de Koria (Chhattisgarh), Índia

Mantosh Kumar Sinha

Biodiversidade das plantas medicinais no distrito de Koria (Chhattisgarh), Índia

ScienciaScripts

Imprint

Cover image: www.ingimage.com

This book is a translation from the original published under ISBN 978-3-659-83219-2.

Publisher:
Sciencia Scripts
is a trademark of
Dodo Books Indian Ocean Ltd. and OmniScriptum S.R.L publishing group

120 High Road, East Finchley, London, N2 9ED, United Kingdom
Str. Armeneasca 28/1, office 1, Chisinau MD-2012, Republic of Moldova, Europe
Printed at: see last page
ISBN: 978-620-8-18027-0

ÍNDICE DE CONTEÚDOS

RECONHECIMENTO

É com grande prazer que exprimo o meu profundo sentimento de gratidão e inesquecível dívida para com a minha respeitada Supervisora, a Dra. (Sra.) Veenapani Dubey, Diretora do Departamento de Botânica, C.M.D Post Graduate College, Bilaspur (C.G.), pelo seu grande interesse, orientação valiosa, encorajamento constante e generosa cooperação no manuscrito, apesar da sua agenda sobrecarregada.

Estou igualmente grato ao Dr. S.N. Agrawal, Diretor, C.M.D - Post Graduate College Bilaspur (C.G.) por ter disponibilizado instalações laboratoriais e por ter sido abençoado.

Devo a minha mais profunda gratidão ao Sr. A.K. Shukla, Vaidhraj, divisão florestal de Koria, pelo seu vasto conhecimento das utilizações medicinais de diferentes plantas, que analisou cada problema e forneceu a sua solução durante todo o mandato com um pente de dentes finos e instigou este campo de estudo.

Estou grato ao Sr. B.K. Gurung, observador climático na Comissão Central da Água, Baisagarpara, Baikunthpur (Koria) por fornecer dados climatológicos.

As minhas palavras são demasiado curtas para exprimir o meu profundo sentimento de gratidão para com os meus pais, Dr. Ramnarayan Prasad Sinha e Smt. Kunti Devi Sinha, cujo amor e bênçãos me deram força para lutar arduamente por esta conquista.

Estou também grato ao meu irmão mais velho Shri. Santosh kumar Sinha, Bhabhi, Smt. Priya Sinha, Sobrinho Mr. Shubham Sinha, Sobrinha Miss Somya Sinha, o meu irmão mais novo Manoj Kumar Sinha e a minha mulher Smt. Deepima Sinha o meu filho Somu Sinha pelo seu amor e ajuda de todas as formas possíveis.

Por último, mas não menos importante, agradeço a vários médicos locais, trabalhadores da saúde e aldeões do distrito de Koria que contribuíram generosamente com os seus conhecimentos e me ajudaram na recolha de dados.

Dr. Mantosh KumarSinha

M.Sc. Doutoramento (Botânica)

CAPÍTULO - I

INTRODUÇÃO GERAL
&
REVISÃO DA LITERATURA

1.1 INTRODUÇÃO GERAL

A Índia contém cerca de 8% da biodiversidade mundial em 2% da superfície da Terra, o que a torna um dos 12 países com maior diversidade do mundo. Este facto baseia-se na riqueza de espécies e nos níveis de endemismo registados numa vasta gama de taxa, tanto de plantas como de animais. Esta diversidade pode ser atribuída à grande variedade de formas de terra e de climas que resultam em habitats que vão do tropical ao temperado e do alpino ao deserto. Para além disso, existe uma grande diversidade de ecossistemas influenciados pelo homem, incluindo terras agrícolas e de pastagem e uma impressionante variedade de plantas e animais domesticados. A Índia é também considerada um dos oito centros mundiais de origem de plantas cultivadas. Sendo um país predominantemente agrícola, a Índia tem também uma mistura de habitats selvagens e cultivados, dando origem a uma biodiversidade muito especializada, específica da confluência de dois ou mais habitats.

Chhattisgarh, o 26th estado do país, apresenta uma grande variedade de caraterísticas físicas e culturais. Cerca de 44% da sua área geográfica total está coberta por florestas. O clima é quente e húmido e a precipitação provém das monções do nordeste e do sudoeste. Possui cerca de 30 pequenos e grandes sistemas de drenagem. Estas caraterísticas contribuem de forma importante para a sua riqueza biológica.

O distrito de Koria, em Chhattisgarh, situa-se entre 22058' e 23051' de latitude norte e 81059' e 82045' de longitude leste e tem uma área florestal de 81,23%. A precipitação média é de

121,36 cm e a temperatura média anual é de 240°C. O distrito é dominado por rochas do Alto Gondwana que são ricas em deposição de carvão.

O distrito tem uma população tribal considerável que utiliza uma enorme variedade de plantas para as suas necessidades básicas, sustento e subsistência. O distrito tem uma diversidade vegetal muito rica, incluindo plantas medicinais. A vegetação do distrito não foi descrita de forma exaustiva. Além disso, não há tentativas que visem o estudo da destruição dos habitats naturais das plantas.

Tendo estes pontos em vista, a presente investigação foi planeada para avaliar a biodiversidade da vegetação do distrito, especialmente com referência a plantas medicinais. Também foram feitas tentativas para avaliar o estado de ameaça e a extensão dos danos causados às plantas medicinais do distrito de Koria.

O presente estudo foi efectuado durante os anos de 2004 a 2008 sobre a

linhas seguintes:

1. Levantamento exaustivo e minucioso no terreno dos cinco blocos do distrito de Koria, nomeadamente Baikunthpur, Manendragarh, Sonhat, Khadgawan e Bharatpur, selecionando aleatoriamente os locais de amostragem. Os locais estavam muito separados e abrangiam uma área de 20 a 200 quilómetros (fig. 4.2).

2. A diversidade de plantas medicinais foi documentada e foi efectuada uma análise florística.

3. Foram recolhidos dados sobre a vegetação, seguindo os princípios gerais descritos por Misra 1968.

4. Foi efectuada uma análise fitossociológica dos dados relativos à frequência, densidade e dominância e respectivos valores relativos e foi calculado o I.V.I. (Índice de Valor de Importância). O seu estatuto ecológico e a sua distribuição também foram resumidos.

5. A diversidade das espécies foi calculada em termos do índice de Shannon-Weiner de diversidade geral (H).

1.2 REVISÃO DA LITERATURA

O empobrecimento progressivo da flora tem desenvolvido um sentimento crescente de urgência na conservação da biodiversidade.

O estudo da diversidade das plantas dá-nos informações sobre a flora que cresce numa determinada localidade. O clima é o principal fator na determinação da vegetação de uma área, mas o desenvolvimento da vegetação dentro do mesmo clima também depende em grande parte da disponibilidade de espécies vegetais.

Por conseguinte, a diversidade de espécies e a estrutura da vegetação têm sido estudadas por um certo número de trabalhadores em diferentes partes do globo.

Tansley e Chipp (1926) foram os primeiros a descrever os objectivos e métodos de estudo da vegetação. Shah *et al.* (1978), Verma e Das (1981), Banerjee e Lal (1985) e Sharma *et al.* (1986) efectuaram estudos sobre a diversidade biológica em florestas tropicais de folha caduca seca. Pandey *et al.* (1985) investigaram a estrutura e a composição dos prados do Parque Nacional de Kanha. Das (1995) estudou a diversidade da flora angiospérmica das colinas de Darjeeling. Vishalakshi, N. (1995) também analisou a vegetação de duas florestas tropicais secas de folha persistente no Sul da Índia.

Maikhuri *et al.* (1998) estudaram o papel das plantas medicinais no sistema tradicional de cuidados de saúde da Reserva da Biosfera de Nanda Devi. Concluíram que as pessoas têm uma forte fé e crença no sistema tradicional de cuidados de saúde. Estudaram também o cultivo de plantas medicinais e a gestão da reserva da biosfera da Reserva da Biosfera de Nanda Devi nos Himalaias de Garhwal.

Descreveram a prática agronómica e a utilização de oito plantas medicinais e aromáticas cultivadas nas aldeias da zona tampão NDBR dos Himalaias de Garhwal. Sublinharam que a eficiência da utilização dos recursos e os rendimentos económicos indicam como estas culturas de baixo volume e elevado valor têm potencial para melhorar a situação económica das pessoas desta zona e ajudar a causa da conservação desta reserva da biosfera.

Varghese e Menon (1999) relataram os nichos ecológicos e as amplitudes de árvores raras, ameaçadas e endémicas do Santuário de Vida Selvagem de Peppara. Analisaram o habitat em termos de nichos ecológicos e amplitudes de espécies arbóreas raras, ameaçadas e endémicas através de técnicas de amostragem aleatória estratificada. O estudo resultou na documentação de 151 espécies de árvores pertencentes a 51 famílias, com 62 endémicas (41% de endemismo), 6 raras e 8 ameaçadas.

Pandey e Shukla (1999) estudaram a diversidade vegetal e os padrões da comunidade ao longo do gradiente de perturbação em florestas de plantação de *Sal (Shorea robusta* Gaertn.).

Chetia e Handique (2000) registaram uma elevada frequência de rebentos in vitro multiplicação de *Plumbago indica,* uma planta medicinal rara encontrada em Assam e noutras partes do nordeste da Índia.

Bhat *et al.* (2000) registaram a dinâmica florestal nas florestas tropicais húmidas do distrito de Uttara Kannada, nos Ghats Ocidentais, no sul da Índia. Foram observadas alterações na riqueza de espécies e na área basal na maioria dos sítios florestais. Foram observadas tendências crescentes e decrescentes no que respeita à riqueza de espécies e à área basal entre diferentes tipos de floresta.

Mandal *et al.* (2000) relataram plantas com flores raras e ameaçadas das Ilhas Bay, com especial referência a taxa endémicos e extra-indianos. Concluíram que se encontram dispersas 2 200 espécies de angiospérmicas pertencentes a 84 famílias, das quais cerca de 10% (223) são consideradas endémicas. 110 são consideradas raras e ameaçadas. Mais de 50 espécies de plantas foram colhidas apenas uma vez e nunca mais. O artigo resume a situação das plantas com flor raras e ameaçadas, com especial referência aos padrões de distribuição das espécies endémicas e extra-indianas nas Ilhas da Baía.

Nath *et al.* (2000) avaliaram a diversidade de espécies de árvores da Reserva Florestal de Sitapahar, divisão florestal de Chittagong hill tracts (sul), Bangladesh. Descreveram as actuais populações de árvores e a diversidade de espécies em quatro compartimentos diferentes da reserva florestal de Sitaphar. A diversidade global de árvores na reserva florestal de Sitaphar é comparável à das florestas tropicais e foi dada ênfase à conservação da área.

Kamboj (2000) referiu que os medicamentos à base de plantas são também muito

A procura no mundo desenvolvido para cuidados de saúde primários deve-se à sua eficácia, segurança e menores efeitos secundários. Oferecem também terapêutica para doenças relacionadas com a idade, como a perda de memória, a osteoporose, doenças imunitárias, etc.

Pushpangadan e Narayanan (2001) sublinharam a necessidade de um consórcio nacional e de uma agenda nacional para a investigação biológica sistemática. Concluíram que é necessário muito trabalho de casa, planeamento e interações saudáveis entre os vários intervenientes.

Joshi *et al.* (2001) trabalharam na avaliação do coberto florestal nos Himalaias Ocidentais, Himachal Pradesh. Enumeraram o conjunto de dados para avaliação da classificação. As comparações foram efectuadas a nível regional com a base de dados florestais disponível.

Jamir e Pandey (2002) estudaram o estado da biodiversidade nos três bosques sagrados de Jaintia Hills, Meghalaya, cobrindo uma área total de aproximadamente 28 hectares. Foi encontrado um total de 395 espécies de plantas distribuídas por 108 famílias.

Khanduri *et al.* (2002) enumeraram a composição florestal em relação ao estatuto socioeconómico das pessoas em três aldeias de altitude elevada de uma parte dos Himalaias de Garhwal.

Pandey *et al.* (2002) descreveram a diversidade de espécies vegetais, a composição, a análise de gradientes e o comportamento de regeneração de algumas espécies de árvores num ecossistema florestal dos Himalaias Ocidentais de temperatura húmida. Os autores registaram a composição da vegetação, a diversidade das espécies, o padrão de distribuição e outros parâmetros de análise da vegetação, bem como a estrutura da população e o comportamento de regeneração de algumas espécies de árvores numa floresta dos Himalaias Ocidentais da divisão florestal de Chakrata (Uttaranchal).

Samant e Mohinder Pal (2003) estudaram a diversidade e o estado de conservação das plantas medicinais no estado de Uttaranchal. Observaram que, utilizando os novos critérios da IUCN, estas espécies, juntamente com outras, foram também classificadas como criticamente em perigo (18 spp.), em perigo (18 spp.), vulneráveis (22 spp.), quase ameaçadas (6 spp.) e pouco preocupantes (1 sp.). Foram também destacadas iniciativas de conservação *in situ* e *ex situ*. Além disso, foi sugerido um plano de ação adequado para a conservação e gestão das plantas medicinais.

Jaipuriar (2003) relatou o património herbáceo ameaçado das terras tribais de Jharkhand. O estatuto de ameaça foi classificado como sugerido pela IUCN para plantas propensas a conservação. Oito espécies e 7 famílias foram registadas na classe ameaçada, enquanto 18 espécies de 13 famílias foram incluídas na categoria vulnerável.

Badola e Mohinder Pal (2003) deram ênfase às plantas medicinais ameaçadas e à sua conservação nos Himalaias de Himachal. Analisaram 133 espécies de plantas medicinais raras, sensíveis e ameaçadas dos Himalaias do Himachal quanto ao seu estatuto, com base no padrão de utilização, natividade e endemismo, e exploraram as possibilidades da sua conservação. É dada especial atenção a 45 espécies ameaçadas, avaliadas segundo os critérios da IUCN e de outros peritos para os Himalaias do Himachal.

Das e Chattopadhyay (2003) efectuaram um inventário de plantas medicinais baseadas na floresta. Um estudo de caso no sudoeste de Bengala. Verificaram que um total de 75 espécies com valor medicinal podia ser identificado e apresentado juntamente com os seus caracteres de identificação, como o nome botânico, o nome local, a família, o tipo de planta, etc., e a utilização dos componentes da planta contra diferentes doenças.

Kala (2003) estudou a exploração comercial e o estado de conservação de plantas medicinais de elevado valor na fronteira entre a Índia e o Nepal em Pithoragarh. Recolheu seis espécies de categorias raras e ameaçadas do distrito de Baitadi do Nepal. Com base no estudo, foram debatidas várias medidas de conservação e gestão para proteger as plantas medicinais e também para acções futuras.

Bhattacharya e Regina (2003) descreveram a conservação *ex-situ* de plantas medicinais e aromáticas na Índia, com especial referência a Madhya Pradesh. O documento incorpora as tendências recentes do cultivo ex-situ de plantas medicinais e aromáticas (PAM) como alternativa à conservação da biodiversidade e como fonte adicional de rendimento, com especial referência a Madhya Pradesh (M.P.).

Adhikari *et al.* (2003) descreveram as árvores medicinais do estado do Uttaranchal. Descreveram a distribuição e o padrão de utilização das árvores medicinais no estado do Uttaranchal, na Índia. Com base numa extensa pesquisa bibliográfica, foi anexada uma lista de 197 13 árvores medicinais encontradas no Uttaranchal, a sua distribuição altitudinal e as partes utilizadas em várias doenças.

Chandola e Singh (2003) estudaram o estado e o âmbito das plantas medicinais no vale Bhagirathi de Garhwal, Uttaranchal. Concluíram que o vale de Bhagirathi é dotado de uma grande riqueza de plantas medicinais e aromáticas, desde espécies subtropicais a espécies alpinas. Foram sugeridos oito megacentros para a conservação de plantas medicinais, que devem ser protegidos através da criação de MPC As.

Chauhan (2003) descreveu plantas medicinais e aromáticas importantes de Himachal Pradesh. Descreveram cerca de 3.500 espécies. Mais de 1000 espécies foram documentadas como medicinais e aromáticas para o estado, ocorrendo em Shiwalik.

Vidhyarthy *et al.* (2004) efectuaram um estudo etnomedicinal de algumas plantas importantes de Jharkhand e da sua conservação. Insistiram na sensibilização e na criação de redes adequadas sobre as propriedades medicinais destas plantas indígenas, que encontramos frequentemente na nossa vida quotidiana, através da divulgação de dados de investigação e de actividades de extensão. Isto contribuirá muito para a conservação da inestimável dádiva da natureza.

Kumar *et al.* (2004) exploraram a conservação de algumas plantas medicinais dos Himalaias utilizando abordagens biotecnológicas. Observaram que a procura cada vez maior, sobretudo tendo em conta a preferência mundial por medicamentos de origem vegetal em detrimento dos sintéticos, levou à sobre-exploração de 14 plantas medicinais. Estes aspectos foram tratados tendo em conta o duplo objetivo de conservação e de satisfação da procura comercial através do cultivo.

Dhan Singh e Pundir (2004) referiram plantas medicinais selvagens de Jaunsar Bawar (Himalaias ocidentais), Uttaranchal. Referiram cinquenta plantas medicinais selvagens utilizadas pelos nativos de Jaunsar Bawar, Himalaias Ocidentais, Uttaranchal.

Mathachen (2004) estudou a amplitude ecológica e a regeneração de árvores ameaçadas de importância medicinal nos Ghats Ocidentais centrais. As árvores de importância medicinal eram mais numerosas nas florestas sempre-verdes perturbadas, enquanto as florestas sempre-verdes não perturbadas tinham proporcionalmente mais espécies ameaçadas. No total, foram registadas 19 espécies de árvores ameaçadas de importância medicinal.

Brahmi *et al.* (2004) estudaram a Lei da Diversidade Biológica da Índia e a gestão da agro-biodiversidade. Concluíram que as disposições desta lei diziam respeito à gestão da agro-biodiversidade e à forma como o acesso a estes recursos pode ser gerido para canalizar os benefícios para os utilizadores e para os guardiães da agro-biodiversidade.

Nath *et al.* (2005) estudaram a perspetiva da biodiversidade no potencial de PFNL da floresta de reserva de Joypur, Assam. Opinaram que, ao fazê-lo, deveria ser dada ênfase ao desenvolvimento de várias explorações e plantações de PFNL comercialmente importantes que melhorariam a fonte geradora de rendimentos e ajudariam a conservar a biodiversidade existente na floresta tropical relíquia.

Suraj e Menon (2005) enumeraram a análise fitossociológica da vegetação lenhosa ao longo de uma gradação altitudinal na colina de Ponmudi, distrito de Trichur, Kerala. Efectuaram uma análise da vegetação para estudar a densidade, a área basal, o IVI, a dominância, o índice de diversidade e o padrão de distribuição das espécies ao longo de uma gradação altitudinal na colina de Ponmudi da divisão florestal de Thrissur em Kerala.

Negi *et al.* (2005) enumeraram estudos fitossociológicos de uma floresta de reserva tradicional, Thal Ke Dhar, Pithoragarh, Himalaias Centrais (Índia). Documentaram um estudo fitossociológico na floresta sagrada de Thal Ke Dhar para compreender a estrutura, o potencial de regeneração e o estado de conservação.

Bhogaonkar *et al.* (2005) referiram algumas plantas medicamentosas polipétalas utilizadas pelos Hakims locais do sistema Unani do distrito de Amravati (Maharashtra). Foram registadas 23 spp. de plantas pertencentes a 14 famílias comuns no distrito de Amravati. Os autores fizeram um esforço para documentar as informações para rever os medicamentos populares Unani, que estão a perder encanto no mundo moderno.

Rawat *et al.* (2005) estudaram algumas plantas silvestres utilizadas como substitutos de alimentos por tribos do Santuário de Vida Selvagem de Noradevi, Sagar (M.P.). Realizaram o estudo com o objetivo de documentar a utilização folclórica de plantas silvestres comestíveis para ajudar a acelerar o trabalho de investigação para combater as doenças por deficiência de nutrientes e os problemas de escassez de alimentos no Santuário de Vida Selvagem de Noradevi.

Rathore *et al.* (2005) estudaram a bioprospecção de algumas plantas medicinais tradicionais como antifúngicos contra infecções cutâneas. Observaram que as plantas medicinais tradicionais podem produzir medicamentos maravilhosos e têm muito boas perspectivas.

Sukumaran *et al.* (2005) efectuaram a composição florística dos bosques sagrados como um instrumento funcional para analisar o ecossistema da mini-floresta. O estudo revelou 329 espécies de plantas de 251 géneros pertencentes a 110 famílias de 40 bosques sagrados. A composição florística também é muito rica, com 139 espécies de árvores, 95 de arbustos, 79 de ervas e 16 de lianas, trepadeiras e gémeas. No registo global da flora, das 329 espécies enumeradas, 54 estão classificadas como raras, endémicas e ameaçadas.

Kharkwal *et al.* (2005) descreveram a fitodiversidade e a forma de crescimento em relação ao gradiente altitudinal na região central dos Himalaias (Kumaun) da Índia. Observaram que foi registado um total de 2487 espécies, das quais 276 eram árvores, 355 arbustos, 112 trepadeiras e 1744 ervas. O estudo conclui que o padrão de distribuição e riqueza de espécies nesta região depende em grande medida da altitude e de variáveis climáticas como a precipitação, a temperatura, etc.

Kharkwal *et al.* (2005) também descreveram estudos comparativos sobre a riqueza de espécies, a diversidade e a composição das florestas de carvalhos no distrito de Nainital, Uttaranchal. Os autores fizeram um levantamento do número total de espécies, géneros e famílias observado na floresta de carvalhos de Kharsu, que era superior ao das florestas de carvalhos de Banj e Tilonj.

Apenas algumas espécies foram dominantes em todos os sítios de estudo. Asteraceae e Lamiaceae foram as famílias dominantes em todos os tipos de floresta.

Paul *et al.* (2005) estudaram a biodiversidade e a conservação dos rododendros em Arunachal Pradesh, no hotspot de biodiversidade da Indo-Birmânia. Verificaram que os rododendros, classificados como raros, em perigo e ameaçados, podem ser eliminados da biota num futuro próximo, se não forem adoptadas iniciativas adequadas de gestão e conservação. Além disso, para que a conservação seja bem sucedida, é necessária a sensibilização e a participação da população.

Arvind *et al.* (2005) efectuaram uma análise comparativa das espécies vegetais incluídas e não incluídas na lista vermelha nos Ghats Ocidentais, na Índia. Os registos foram efectuados tanto à escala regional como local. A análise mostrou que as espécies incluídas na lista vermelha, enquanto grupo, não são mais desvantajosas do que as espécies não incluídas na lista vermelha.

Prasanth kumar *et al.* (2005) estudaram a prioridade de conservação e o significado fitogeográfico de *Rhynchanthus longiflorus* Hook. f. (Zingiberaceae), uma espécie rara e ameaçada das colinas de Mizo, no Nordeste da Índia. O significado fitogeográfico e as medidas de conservação do fruto, até agora não descrito, são mencionados.

Vashishtha *et al.* (2006) registaram o estado de conservação e as variações morfológicas entre populações de *Angelica glauca* Edgew e *Angelica archangelica* Linn. nos Himalaias de Garhwal. O estudo revelou que a frequência de ambas as espécies era superior a 50% na natureza. São necessárias medidas corretivas imediatas para a conservação dos sítios naturais, a fim de garantir um modo de utilização sustentável.

Sharma *et al.* (2006) exploraram o papel da cultura do lac na conservação da biodiversidade: questões em jogo e estratégia de conservação. Consideraram que a promoção e o incentivo da cultura do lac não só contribuirão para controlar a degradação ambiental, como também para conservar a fauna e a flora associadas para a posteridade.

Choubey e Shukla (2006) estudaram a fito-diversidade e a pressão biótica no santuário de vida selvagem de Achanakmar. Analisaram o estado quantitativo da vegetação do santuário de vida selvagem de Achanakmar e concluíram que a área do santuário enfrenta uma enorme pressão biótica para extração de combustível, madeira, folhas, forragens, bambus, frutos, produtos alimentares não lenhosos e plantas medicinais, etc. O valor floral da área foi avaliado em 129 géneros e 172 espécies pertencentes a 53 famílias angiospérmicas. Foram também registados 86 PFNM da zona.

Pandey e Shukla (2006) estudaram a conservação e a utilização sustentável de plantas medicinais através da participação das pessoas e da partilha de benefícios. Analisaram as implicações sociais, económicas e institucionais de tais relações com base em vários exemplos de participação das pessoas e de partilha de benefícios para a conservação e a utilização sustentável de plantas medicinais.

Mishra *et al.* (2006) efectuaram um inquérito sobre práticas medicinais tradicionais entre os vários grupos tribais do distrito de Kanker da divisão de Bastar. O estudo teve como objetivo explorar o sistema etnomedicinal das zonas tribais e rurais do distrito de Kanker, divisão de Bastar (Chhattisgarh). As tribos aceitam a medicina moderna, mas têm uma fé fervorosa nos medicamentos à base de plantas e utilizam-nos para diferentes tipos de doenças. Mukherjee (2006) estudou a conservação e a gestão da biodiversidade na nova abordagem de eco-desenvolvimento da floresta indiana e concluiu que a abordagem de eco-desenvolvimento com a participação das populações tem as melhores hipóteses de gestão sustentável das áreas protegidas.

Ilyas (2006) estudou a conservação e gestão da biodiversidade nos Himalaias de Kumaon. Ilyas realizou inquéritos socioeconómicos e de avaliação de ameaças em 18 áreas de carvalhos nos Himalaias de Kumaon. No total, foram inquiridas 84 Gram Sabhas (aldeias de rendimento) e 184 aldeias. Também discutiu problemas de conservação e apresentou recomendações de gestão da biodiversidade.

Udayan (2006) relatou algumas espécies raras, endémicas e incluídas na lista vermelha de espécies de alta altitude (Mannavanshola), perto de Munnar no distrito de Idukki (estado de Kerala). Recolheu 25 espécies raras, endémicas e incluídas na lista vermelha. As observações foram efectuadas no âmbito da criação de um banco de genes de plantas medicinais ayurvédicas em Arya Vaidyashala, Kottakkal.

Rajendran e Gunasekaran (2006) recolheram plantas medicinais comuns e cultivadas e enumeraram a sua utilização pelos aldeões nos distritos do sul de Tamilnadu. O estudo revelou que existem muitas espécies de plantas que são tradicionalmente utilizadas pelos aldeões. Entre estas 59 espécies, foram identificados 53 géneros de 28 famílias de plantas medicinais importantes e foram descritas as suas utilizações.

Kumar *et al.* (2006) analisaram as caraterísticas fitossociológicas e os padrões de diversidade das espécies arbóreas das florestas tropicais em Garo hills, no oeste de Meghalaya, no nordeste da Índia.

Neelakandan *et al.* (2006) desenvolveram um sistema de informação biogeográfica para a conservação e monitorização da biodiversidade. Sugeriram que a necessidade de documentar e conservar a biodiversidade se tornou uma necessidade na sequência das ameaças crescentes da desflorestação, da alteração da utilização dos solos, da degradação dos solos, da poluição e das alterações climáticas.

Laloo *et al.* (2006) estudaram a situação das plantas medicinais nas florestas sagradas perturbadas e não perturbadas de Meghalaya. Foram estudadas a estrutura da população e a eficácia da regeneração de algumas espécies importantes. Os autores exploraram a flora medicinal dos dois bosques sagrados, composta por 80 espécies lenhosas. Foram estudadas a estrutura da população e o potencial de regeneração de *Camellia caduca* (endémica e menos frequente), *Cinnamomum pauciflorum* (endémica e rara), *Erythroxylum kunthianum* (endémica) e *Picrasma javanica* (rara).

Shankar Darshan *et al.* (2007) sublinharam a necessidade de desenvolver normas interculturais para a qualidade, segurança e eficácia dos sistemas tradicionais de medicina indianos. Defenderam a necessidade urgente de colaboração entre cientistas e exportadores de conhecimentos tradicionais para promover a compreensão mútua e criar normas de qualidade relevantes.

Awasthi *et al.* (2007) estudaram a diversidade floral do Parque Nacional de Bandhavgarh com uma abordagem fitossociológica. Exploraram o valor dos habitats de vida selvagem para as espécies de vida selvagem, que está diretamente ligado ao tipo e à variedade das comunidades vegetais e às suas condições. Foram também analisadas várias caraterísticas fitossociológicas, como a composição, a diversidade e a similaridade das espécies.

Mishra e Teki (2007) estudaram as práticas de colheita de 'Siali leaves' *(Bauhinia vahlii)* e o seu impacto na densidade e regeneração das plantas nas florestas naturais de três distritos do estado de Orissa. Concluíram que a densidade desta planta era muito baixa (>1,0/ha) em Koraput, mas ligeiramente mais elevada (3,44/ha) no distrito de Malkangiri. Discutiram amplamente o sistema de colheita e o seu impacto na sustentabilidade futura das folhas de Siali na floresta natural do estado de Orissa.

Dubey *et al.* (2007) estudaram a perda de biodiversidade com referência a plantas medicinais importantes na região de Vindhya e a avaliação da sua ameaça. Observaram que, ao melhorar o estatuto socioeconómico da população local através de várias alternativas, ao despertar para a ameaça dos recursos naturais e ao regulamentar e monitorizar de perto o comércio e a exploração excessiva, a floresta pode ser protegida e conservada de mais degradação e exploração. Classificaram 3 espécies como regionalmente extintas na natureza, 25 espécies como criticamente ameaçadas, 59 espécies como ameaçadas, 97 como vulneráveis, 46 como em risco menor, 78 como menos preocupantes e 5 como deficientes em dados na região de Vindhya.

Laurance (2007) relatou a destruição de florestas na Ásia tropical. O autor constatou que metade dos países asiáticos já registaram uma perda grave (>70%) de florestas. Os países com um rápido crescimento demográfico e com poucas florestas sobreviventes são também afectados por uma corrupção endémica e por um baixo nível de vida médio.

Corlett (2007) estudou algumas caraterísticas especiais das florestas tropicais asiáticas. Salientou o predomínio das florestas húmidas de terras baixas pelas Dipterocarpaceae; mas também a importância das Fabaceae nas florestas de terras baixas, que é uma caraterística única encontrada apenas nas florestas asiáticas. Assim, as florestas suportam várias espécies coexistentes.

Gunawardene *et al.* (2007) descreveram uma breve panorâmica do hotspot de biodiversidade dos Ghats Ocidentais - Sri Lanka. Apresentaram a informação existente sobre a riqueza de espécies e a endemicidade dos taxa em ambas as regiões. Sublinharam também a necessidade de aumentar o nível de colaboração científica em estudos de biodiversidade entre os dois países.

Davidar Priya *et al.* (2007) estudaram a degradação florestal na zona de biodiversidade dos Ghats Ocidentais. Os autores registaram uma degradação florestal extensiva nestas regiões e sugeriram que a utilização intensiva das florestas para sustento e consumo já não é viável.

Denslow (2007) descreveu a dominância das plantas invasoras nas zonas selvagens e resumiu que as abordagens estratégicas para o controlo das plantas invasoras devem incluir o restabelecimento de grupos funcionais críticos, a atenuação dos factores de stress ambiental e a redução das fontes exóticas de perturbação para melhorar a resistência biótica da comunidade nativa e reduzir a dominância das plantas invasoras.

Goosem Miriam (2007) estudou o impacto da fragmentação causada por estradas em florestas tropicais. Eles descobriram que a fragmentação é uma ameaça grave para as florestas tropicais. No entanto, a perda de habitat e a fragmentação menos extensa causada pelas estradas também podem ser uma ameaça, não só por permitirem o acesso a áreas remotas, mas também por um conjunto de impactos insidiosos associados.

Kobayashi Shigeo (2007) estudou técnicas de reabilitação de florestas tropicais degradadas e de conservação da biodiversidade. Construíram um modelo de compartimentos para o desenvolvimento de opções de resposta utilizando tecnologia de reabilitação e parâmetros socioeconómicos. Os factores de controlo, que consistem no nível da paisagem, no compromisso e num termo cíclico, determinam a direção e avaliam o conjunto adaptativo de técnicas de reabilitação.

Islam *et al.* (2007) relataram informações sobre 83 espécies de plantas com importância etnomedicinal pertencentes a 77 géneros e 41 famílias que são utilizadas para 57 doenças comuns pela população tribal do distrito de Ranchi em Jharkhand.

Maliya (2007) apresentou uma avaliação local das espécies raras do santuário de vida selvagem de Katarniya ghat, distrito de Bahraich, Uttar Pradesh, Índia. O autor registou quarenta e uma espécies raras na região do santuário.

Rai (2007) estudou o papel das agências de extensão na divulgação de tecnologias sobre plantas medicinais e aromáticas e as necessidades para a sua conservação através da participação das pessoas na Índia Central.

Bhakat *et al.* (2007) apresentaram uma avaliação local da conservação estudada das árvores etnomedicinais locais do distrito de Midnapore, em Bengala Ocidental, através de A Sacred Grove. Foi apresentado um relato do papel desempenhado pelo bosque sagrado de Chilkigarh, em Bengala Ocidental, na conservação das árvores etnomedicinais regionais. O estudo regista 30 espécies de árvores úteis a nível local, das quais 4 são raras na natureza.

Patil (2007) estudou a conservação de plantas medicinais através da participação das pessoas - um estudo de caso de Toranmal, Maharashtra. Concluiu que, das 24 plantas medicinais encontradas nesta zona, 16 estavam em perigo, eram vulneráveis ou ameaçadas. O estudo mostra que a participação da comunidade contribui para a conservação dos recursos que se estão a esgotar.

Tiwari *et al.* (2007) apresentaram medicamentos etno-veterinários à base de plantas da zona de Dwarahat, nos Himalaias Centrais. O objetivo do estudo era documentar as informações medicinais veterinárias tradicionais contra as doenças e perturbações.

Shukla (2007) estudou a diversidade e a composição florística de espécies tropicais

floresta caducifólia de Dewghat em Koraon Range (U.P.). Descreveram a variedade com variação e abundância de espécies peculiares em habitats específicos. As espécies estão a extinguir-se devido a calamidades naturais ou a razões provocadas pela interferência humana. O autor registou um total de 76 espécies de plantas de 27 famílias deste local.

Bawistale *et al.* (2007) prepararam uma lista de controlo da flora medicinal de Patalkot (Dist. Chhindwara) Madhya Pradesh. O estudo centrou-se na documentação dos conhecimentos tradicionais da população local sobre a utilização de plantas medicinais autóctones como etnomedicamentos.

Mishra *et al.* (2007) estudaram as formas de vida, o espetro biológico e a diversidade de plantas para usos medicinais em habitats degradados do distrito de Jaunpur, U.P. Descreveram que as plantas herbáceas desempenham um papel vital no sistema tradicional de cuidados de saúde. O habitat ecológico, as formas de vida, o espetro biológico e a diversidade das plantas (que são utilizadas para fins medicinais) foram estudados exaustivamente em todas as estações do ano. Foi registado um total de 65 espécies, distribuídas por 27 famílias. O espetro biológico inclui 14,52% de fanerófitos, 4,31% de caméfitos, 10-12% de hemicrófitos, 1,40% de criptófitos e 77,40% de terófitos.

Singh *et al.* (2007) discutiram as estratégias, regulamentos e políticas convencionais e contemporâneas relacionadas com a conservação e a gestão das plantas medicinais.

Chhetri (2007) estudou o cenário das plantas medicinais nos Himalaias de Darjeeling. Descreveram que a região dos Himalaias de Darjeeling é muito rica em flora de plantas medicinais, mas até agora não foi capaz de explorar todo o potencial deste sector. O sistema de culturas alternativas provou ser uma estratégia de subsistência adequada para esta região.

Inamati *et al.* (2007) descreveram a composição florística ao longo da gradação altitudinal em Devimane, Ghats ocidentais, Karnataka. A composição florística da zona de estudo é composta por 43 famílias representadas por 130 espécies nas quatro zonas altitudinais.

Sukumaran e Raj (2007) relataram árvores e lianas raras, endémicas e ameaçadas (RET) nos bosques sagrados do distrito de Kanyakumari. O estudo registou 36 espécies RET de 21 famílias, pertencentes a 29 géneros. Das trinta e seis, 23 são atualmente endémicas dos Ghats Ocidentais e de Tamilnadu.

Dey *et al.* (2007) efectuaram um estudo sobre os conhecimentos tradicionais em matéria de plantas medicinais para tratar doenças comuns na parte norte de Bengala Ocidental. Foi documentado um total de 47 espécies de plantas medicinais durante os períodos de inquérito, que eram utilizadas na cura de 11 tipos de doenças.

Rastogi e Rastogi (2007) efectuaram uma análise fitossociológica das plantações *de Sal (Shorea robusta)* restauradas e da floresta natural de *Sal* de Tripura. Enumeraram 68 espécies de plantas pertencentes a 41 famílias taxonómicas. O índice de diversidade (Índice de Shannon-Wiener) variou entre 0,918-0,967 para as ervas; 0,743-0,876 para os arbustos e 0,859 para as árvores. Foi observada uma dissimilaridade notável entre os povoamentos da cultura de talhadia restaurada e a floresta natural. Os valores do índice de similaridade de Jaccard situaram-se entre 33-80% no estrato herbáceo, 22-48% no estrato arbustivo e 14-100% no estrato arbóreo.

Aparajita *et al.* (2007) estudaram os padrões de diversidade de espécies vegetais no corredor florestal dos Parques Nacionais Rajaji - Corbett, Uttaranchal, Índia. A autora correlacionou o número médio de espécies de todos os estratos de vegetação entre si. Encontrou também uma fraca correlação entre as plântulas e os rebentos e as ervas e os arbustos. Isto prova que algumas espécies de ervas e arbustos são prejudiciais para a regeneração das árvores. A a-diversidade foi mais elevada para as árvores, enquanto a diversidade 0 mais elevada foi registada nos arbustos.

Bhau *et al.* (2007) estudaram a diversidade genética de *Tecomella undulata* (Sm) - uma espécie de árvore ameaçada de extinção, utilizando marcadores moleculares baseados em polimorfismos de comprimento de fragmentos amplificados.

Semwal *et al.* (2007) avaliaram o padrão de distribuição, a estrutura populacional e o estado de conservação de dez plantas medicinais raras e ameaçadas do Santuário de Vida Selvagem de Kedarnath (Himalaias Centrais), na Índia; foram também sugeridas implicações para as estratégias de conservação e gestão.

Aston (2007) opinou que os trópicos da Ásia são os mais intensamente utilizados. Sugeriu estratégias de conservação entre as regiões do Sul e do Leste Asiático. Segundo ele, as iniciativas e instituições de conservação das florestas e da vida selvagem tiveram início na época colonial.

Bisht e Pundir (2008) estudaram as plantas medicinais selvagens de Jaunsar-Bawar, nos Himalaias ocidentais, Uttarakhand. Registaram 67 plantas medicinais selvagens utilizadas pelos nativos de Jaunsar-Bawar.

Thakur e Khare (2008) estudaram a diversidade de espécies e a composição da vegetação florestal do distrito de Sagar, na Índia Central. De acordo com o valor dos IVI (Índices de Valor de Importância), foram identificadas seis comunidades florestais. O índice de diversidade de Shannon-Weiner variou entre 2,22 e 3,66. A dominância é partilhada por mais de uma e/ou muitas espécies.

Rawat *et al.* (2008) estudaram a gestão sustentável das florestas na Índia. Discutiram a aplicação de critérios e a abordagem de indicadores para a gestão sustentável das florestas, dando uma imagem da situação atual no país no que respeita à consecução da sustentabilidade dos nossos recursos florestais.

Kande *et al.* (2008) estudaram a composição da vegetação e a diversidade de espécies lenhosas no Parque Nacional de Chandoli, no norte dos Ghats Ocidentais, na Índia. Avaliaram em pormenor a diversidade de espécies de plantas lenhosas estabelecendo dez transectos de 1000 m x 5 m cada. Foram enumerados todos os indivíduos com 15 cm de altura total. No total, foram recolhidas 4200 amostras de caules, representando 107 espécies pertencentes a 86 géneros e 44 famílias. O valor do índice de Shannon variou de 2,0 a 3,2.

Ravindranath *et al.* (2008) estudaram a conservação das florestas, a florestação e a reflorestação na Índia. As estimativas feitas no seu estudo partem do princípio de que a tendência atual se manterá e não incluem a degradação das florestas e a perda de reservas de carbono devido à extração de biomassa, aos incêndios, ao pastoreio e a outras perturbações.

Silar Mohammed *et al.* (2008) estudaram a diversidade florística da floresta de Ahobilam em Andhra Pradesh. Descreveram *Cyathuia prostrata* como um táxon raro que ocorre no curso superior da floresta de Ahobilam. Também descreveram a presença de plantas medicinais como *Pterocarpus marsupium* Roxb., *Andrographis paniculata* Wallex Nees, *Tinospora cardifolia* (Willd) Hook. f. & Thomas e *Aerna sanguinolenta* (L) na floresta.

Thakur e Khare (2009) estudaram a composição da vegetação florestal e a florística do distrito de Sagar, na Índia Central. Identificaram seis comunidades florestais com base nos IVI (Índices de Valor de Importância). O padrão de distribuição era contagioso. Foi registado um total de 73 espécies de árvores, pertencentes a 32 famílias de angioespermas. Também calcularam a percentagem do coeficiente genérico, inferindo a existência de mais competições intergenéricas.

Pokhariyal *et al.* (2009) analisaram os estudos comparativos sobre a riqueza de espécies, a diversidade e a composição da floresta mista de *Anogeissus latifolius* nas bacias hidrográficas de Phakot e Pathari Rao dos Himalaias de Garhwal. Compararam a riqueza de espécies de árvores nas duas bacias hidrográficas e revelaram que a distribuição e o padrão de riqueza de espécies nas bacias hidrográficas de Phakot e Pathari Rao eram mais ou menos semelhantes. Foi registado um total de 87 espécies (27 árvores, 21 arbustos e 39 ervas) em Pathari Rao, ao passo que na bacia hidrográfica de Phakot foram registadas 92 espécies (24 árvores, 23 arbustos e 45 ervas).

Bijalwan *et al.* (2009) efectuaram uma análise fitossociológica das plantas lenhosas perenes de cobertura e de sub-bosque, juntamente com os aspectos, na bacia hidrográfica de Balandi da floresta tropical seca mista na planície de Chhattisgarh. Concluíram que o aspeto desempenha um papel importante na estrutura e na dominância da fitodiversidade.

CAPÍTULO II

ÁREA DE ESTUDO E CONDIÇÕES CLIMÁTICAS

2.1 ÁREA DE ESTUDO

O distrito de Koria está situado na parte nordeste de Chhattisgarh, entre 22^0 58' e 23^0 51' de latitudes norte e 81^0 59' e 82^0 45' de longitudes leste. O distrito tem florestas em 81,23% da sua área total. (Fig. 2.1)

Baikunthpur é a cidade sede do distrito de Koria. A área está dividida em três terrenos distintos. A parte mais a sul do distrito forma as terras baixas com uma elevação média de 406 metros acima do nível do mar, com uma topografia moderadamente ondulada devido à rede de ravinas e à erosão. Geologicamente, a área é dominada por rochas do Gondwana superior, ricas em depósitos de carvão. As cadeias de montanhas mais altas da região ocupam a parte norte do distrito (Tiwari, 1992).

O distrito é composto por 5 blocos de desenvolvimento, nomeadamente Baikunthpur, Sonhat, Manendragarh, Khadgawan e Bharatpur. Os locais de estudo foram aldeias selecionadas aleatoriamente em cada bloco.

Estas são enumeradas do seguinte modo:

Bloco de Baikunthpur: -Shivpur, Katghodi, Bishunpur, Umghar, Nagar, Pahadpara, Tilpandand, Itga, Dhudhania, Phulpur, Shankarpur, Ujiyarpur, Rakiya, Jamgahna, Jagdishpur, Kotaktal, Patrapali, Deori, Chilka e Ranai.

Bloco de Manendragarh: - Narayanpur, Parasgadi, Udalkachhar, Chainpur, Peepariya, Kathautiya, Boridand, Khongapani, Salhi, Belbahra, Nevri, Domanpara, Chirmirighat, Dubchhola, Khurasiya, Seda, Majholi, Bhallore, Kothari e Jhagrakhand.

Bloco de Khadgawan: - Podidih, Peeparbahra, jilda, Duggi, Kadambahra, Podi, Bachra, Bardar, Chopan, Bharda, Pendari, Mangora, Kodangi e Kanharbahra.

Bloco Sonhat: - Orgai, Salgawan, Amhar, Kailashpur, Keshgawan, Odari, Rajauli, Karra, Ghughara, Paradol, Bhaluar, Latma, Kushaha, Haliya e Sonari.

Bloco de Bharatpur: - Masora, Jardol, Patwahi, Bhagwanpur, Badkadol, Jolgi, Kudra, Hatwari, Ghaghra, Belgawan, Bahrasi, Mainpur, Mannod, Khatoli, Umarwah, Titoli, Pandari, Semaria, Rend e Wadhvar.

Geologia:

As formações do distrito de Koria são as armadilhas de Deccan, o Gondwana Superior, o Gondwana Inferior (Talchirs e Barakars) e o Archaeans.

Solo:

O solo do distrito é geralmente de cor clara. A textura do solo varia de franco-arenoso a franco-argiloso siltoso, que são pobres em cálcio.

No entanto, podem ser diferenciadas as seguintes classes gerais de solos na zona:

1. Solos aluviais: Os solos aluviais são predominantes na divisão devido ao terreno ondulado e montanhoso. São geralmente castanhos, profundos a médios e apresentam uma estratificação acentuada de areia, argila e barro.
2. Terra vermelha: Os solos vermelhos estão principalmente associados a granitos, gneisses e xistos e são de natureza ferralítica. São tipicamente ácidos, pobres em matéria orgânica e nutrientes minerais. Nestes solos ocorrem normalmente florestas mistas de folha caduca húmidas com *sal.*
3. Solo laterítico: Os solos lateríticos ocorrem no cimo das colinas. Desenvolvem-se principalmente em rochas básicas. São normalmente ácidos e pobres em nutrientes minerais.
4. Terra preta: Os solos negros desenvolvem-se principalmente a partir de rochas

basálticas. Estes solos suportam normalmente florestas de espinhos que ocorrem em pequenas manchas.

5. Solos esqueléticos: Os solos esqueléticos ocorrem principalmente nos topos das terras altas. Suportam comunidades de vegetação xerófita ou degradada.

2.2 CONDIÇÕES CLIMATÉRICAS:

O clima geral de Chhattisgarh é quente, seco e sub-húmido. O distrito de Koria tem Verões quentes e Invernos moderadamente frios, intercalados com meses de chuva.

Os registos meteorológicos revelam que a temperatura apresenta uma grande flutuação entre os meses de inverno e de verão. O mês mais quente do ano é maio, quando a temperatura máxima média varia entre $39{,}11^0$ c e $40{,}87^0$ c. Por outro lado, a temperatura desceu para $12{,}22^0$ c em janeiro de 2004; $11{,}22^0$ c em dezembro de 2005; $12{,}64^0$ c em janeiro de 2006; $11{,}58^0$ c em janeiro de 2007 e $12{,}51^0$ c em fevereiro de 2008. dezembro e janeiro são os meses mais frios (Quadros 2.i, 2.ii, 2.iii, 2.iv e 2.v).

A média anual da temperatura máxima foi de $30{,}82^0$ c (2004), $31{,}16^0$ c (2005), $31{,}86^0$ c (2006), $31{,}49^0$ c (2007) e $31{,}66^0$ c (2008).

A humidade relativa média mensal máxima foi de 87,5 em agosto de 2004, 91% em agosto de 2005, 83% em julho de 2006, 85,5% em agosto de 2007 e 86,5% em agosto de 2008. Os valores mínimos médios foram 33,5% (abril de 2004); 31,5% (maio de 2005); 31% (março de 2006); 41,5% (maio de 2007) e 27% (abril de 2008). A humidade relativa média anual foi de 66,08% em 2004; 65,12% em 2005; 60,12% em 2006; 66,75% em 2007; e 61,45% em 2008.

Os dados de precipitação revelam que foi máxima (1428,4 mm) em setembro de 2004; 1020,8 mm em agosto de 2005; 1140,00 mm em setembro de 2006; 1119,2 mm em julho de 2007; e 1334,0 mm em setembro de 2008. A precipitação média anual situou-se entre 386,55 e 595,68 mm por ano.

O número de dias de chuva foi registado no máximo nos meses de julho e agosto. Foram 24 em agosto de 2004 e 2005; 26 em julho de 2006; 21 em setembro de 2007; e 25 em junho de 2008. A média anual do número de dias de chuva variou entre 7,75 e 8,75 dias.

Quadro 2.i Dados climáticos do distrito de Koria para 2004

S. No.	Month	Max. Temp.	Min. Temp.	Relative Humidity	Rainfall	No. of Rainy days
1.	January	24.70	12.22	72.5	249.8	4
2.	February	26.96	13.32	60.0	136.4	1
3.	March	35.06	19.67	55.0	157.0	1
4.	April	37.11	23.58	33.5	196.0	3
5.	May	39.11	28.27	39.0	111.2	1
6.	June	33.56	25.73	65.0	1015.6	18
7.	July	29.64	26.40	80.0	1346.4	24
8.	August	29.69	24.96	87.5	1399.4	24
9.	September	31.21	25.03	87.0	1428.4	14
10.	October	29.08	21.54	75.5	503.4	4
11.	November	28.08	14.50	70.0	303.4	1
12.	December	25.69	13.17	68.0	301.2	2
AVERAGE MEAN		**30.82**	**20.69**	**66.08**	**595.68**	**8.08**

Fiq. 2.1 Dados climáticos do distrito de Koria durante o ano

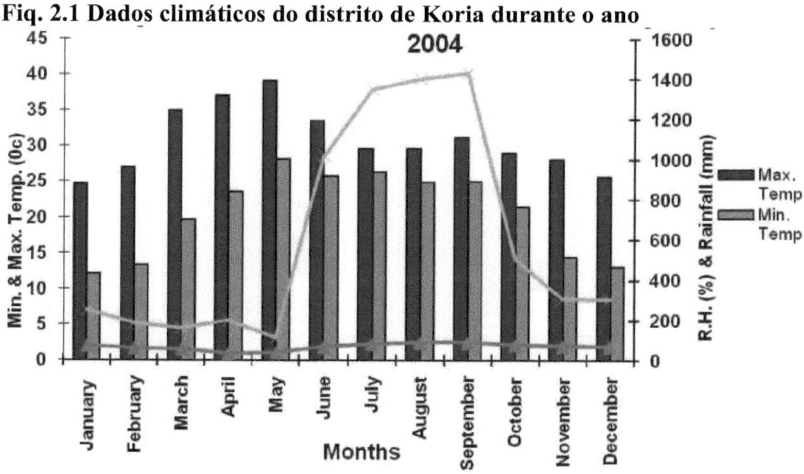

Quadro 2.ii Dados climáticos do distrito de Koria para 2005

S. No.	Month	Max. Temp.	Min. Temp.	Relative Humidity	Rainfall	No. of Rainy days
1.	January	25.51	11.88	77.5	46.6	6
2.	February	28.19	15.66	57.5	88.4	5
3.	March	33.40	11.27	45	112.2	5
4.	April	37.47	22.50	34	114.6	1
5.	May	40.67	25.69	31.5	134.4	4
6.	June	31.25	28.90	70.0	602.6	9
7.	July	30.96	25.35	87.0	966.0	24
8.	August	31.22	24.80	91.0	1020.8	16
9.	September	30.00	24.65	86.5	987.0	19
10.	October	30.80	22.77	70.0	566.0	5
11.	November	29.43	21.10	69.0	-	-
12.	December	25.08	11.22	62.5	-	-
Average Mean		**31.16**	**20.48**	**65.12**	**386.55**	**7.75**

Fig. 2.2 Dados climáticos do distrito de Koria durante o ano

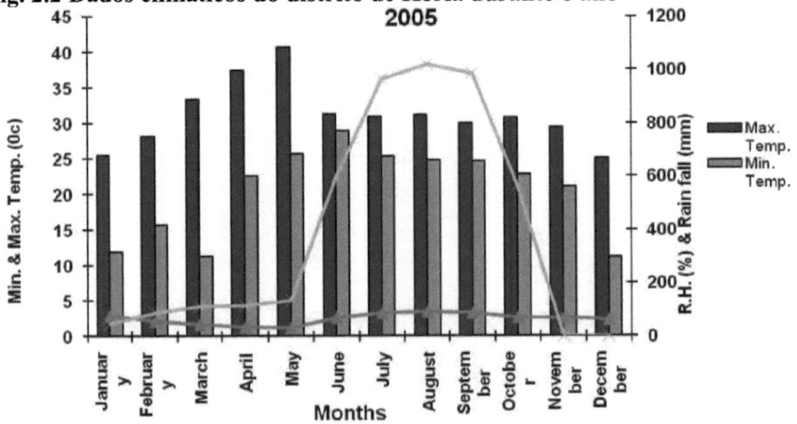

Quadro 2.iii Dados climáticos do distrito de Koria para 2006

S. No.	Month	Max. Temp.	Min. Temp.	Relative Humidity	Rainfall	No. of Rainy days
1.	January	26.58	12.64	55.5	-	-
2.	February	32.39	16.57	39.0	-	-
3.	March	31.48	18.93	31.0	185.2	3
4.	April	37.50	23.56	35.5	153.6	4
5.	May	38.35	26.54	32.5	112.6	2
6.	June	37.80	27.50	59.5	978.4	11
7.	July	30.03	20.00	84.0	1066.6	26
8.	August	29.58	25.77	83.0	1058.2	25
9.	September	31.56	24.60	81.0	1140.0	15
10.	October	32.74	21.90	68.5	656.6	4
11.	November	28.56	17.83	73.5	269.2	1
12.	December	25.85	13.77	78.5	-	-
Average Mean		**31.86**	**21.21**	**60.12**	**468.36**	**7.58**

Fig. 2.3 Dados climáticos do distrito de Koria durante o ano de 2006

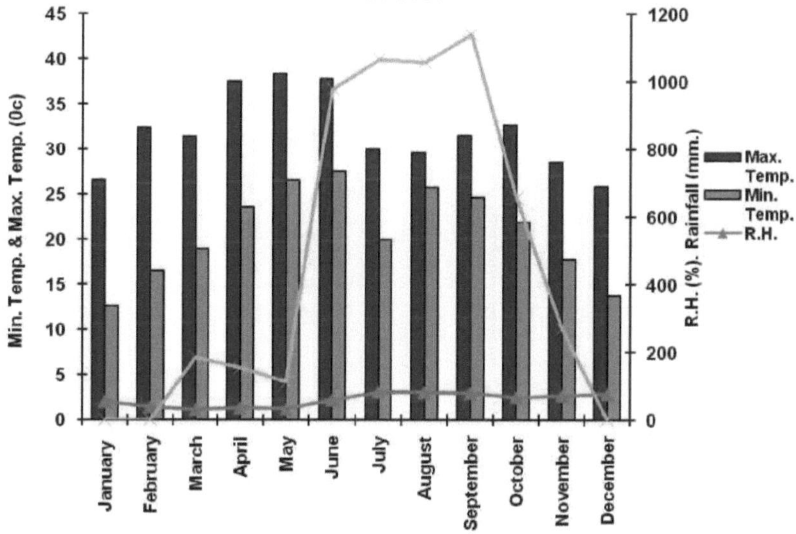

Quadro 2.iv Dados climáticos do distrito de Koria para 2007

S. No.	Month	Max. Temp.	Min. Temp.	Relative Humidity	Rainfall	No. of Rainy days
1.	January	24.96	11.58	70.0	-	-
2.	February	27.64	15.32	59	136.6	4
3.	March	31.41	18.22	57.0	264.4	5
4.	April	37.05	24.66	46.0	156.4	4
5.	May	38.09	26.74	41.5	186.0	2
6.	June	36.45	27.00	64.5	1017.2	14
7.	July	31.03	25.74	83.0	1119.2	17
8.	August	31.29	25.29	85.5	1071.8	19
9.	September	31.73	24.46	82.5	1055.2	21
10.	October	32.64	20.74	76.5	457.0	2
11.	November	28.78	16.73	72.0	246.0	1
12.	December	26.90	16.30	63.5	257.6	1
Average Mean		**31.49**	**20.79**	**66.75**	**497.23**	**7.5**

Fig. 2.4 Dados climáticos do distrito de Koria durante o ano

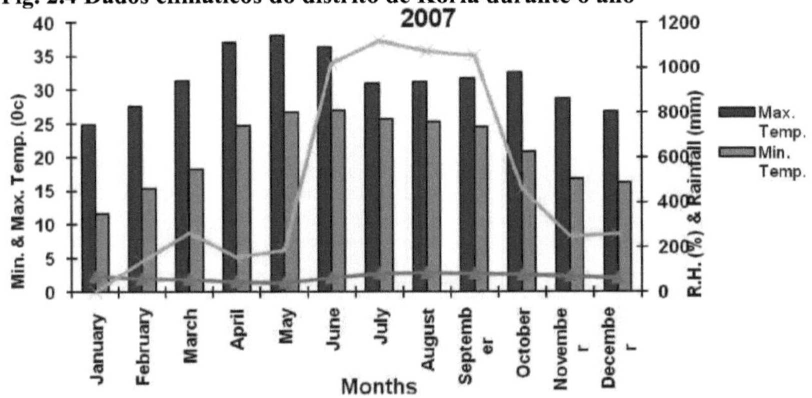

Quadro 2.v Dados climáticos do distrito de Koria para 2008

S. No.	Month	Max. Temp.	Min. Temp.	Relative Humidity	Rainfall	No. of Rainy days
1.	January	27.09	13.32	59	120.8	2
2.	February	26.86	12.51	59.5	127.4	3
3.	March	34.25	18.64	33.0	275.2	5
4.	April	37.40	22.80	27.0	145.4	3
5.	May	39.67	27.22	45.5	188.6	2
6.	June	33.66	25.60	63.0	1314.6	25
7.	July	30.96	24.67	84.5	1069.8	23
8.	August	31.36	24.77	86.5	1141.6	21
9.	September	32.06	23.83	82.5	1334.0	21
10.	October	27.90	23.03	77.5	-	-
11.	November	27.90	20.58	58.0	-	-
12.	December	27.19	15.06	61.5	-	-
Average Mean		**31.66**	**21.00**	**61.45**	**476.45**	**8.75**

Fig. 2.5 Dados climáticos do distrito de Koria no ano de 2008

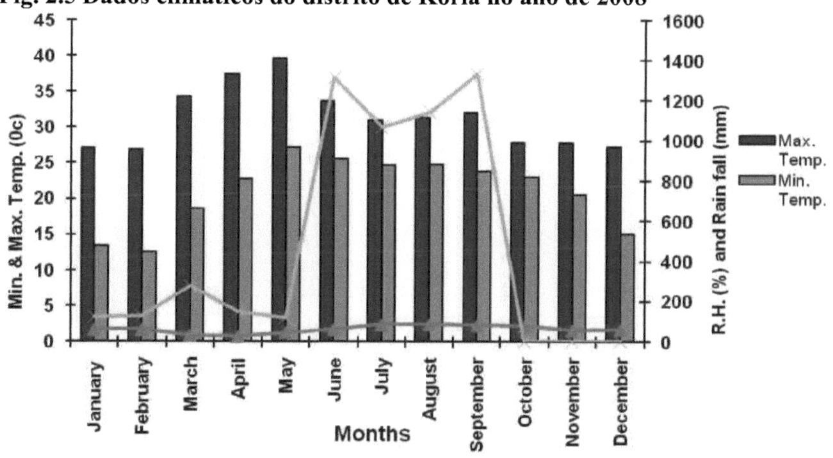

CAPÍTULO III

METODOLOGIA

ESTUDOS SOBRE INQUÉRITOS E DIVERSIDADE:-

O trabalho exigia um levantamento exaustivo no terreno e, por conseguinte, foi efectuado um levantamento exaustivo e alargado dos cinco blocos do distrito de Koria de Chhattisgarh durante os anos de 2004 a 2008.

Cada bloco de desenvolvimento incluía locais de estudo muito afastados uns dos outros, abrangendo uma área de 20 km a 200 km. Os locais de amostragem foram selecionados aleatoriamente.

Os locais de estudo foram visitados a intervalos frequentes e foi efectuada uma amostragem exaustiva para documentar a diversidade de espécies. Os espécimes de plantas foram preservados, identificados e foi preparado um herbário.

A identificação das espécies de plantas medicinais foi efectuada principalmente através da recolha de informações locais relativas à disponibilidade e utilização de várias plantas silvestres com importância medicinal.

Este método pode ser designado por "método de identificação pontual" (Das & Chattopadhyay, 2003). Em seguida, a identificação autêntica foi efectuada utilizando Floras padrão e literatura. Os espécimes não identificados foram fotografados e as folhas de herbário foram identificadas comparando as folhas de herbário com as do B.S.I. (Central Circle), Allahabad e verificando com os herbários electrónicos disponíveis na Internet. Também foram recolhidas informações sobre os estádios fenológicos. Os dados foram analisados floristicamente. Foram calculadas as dez famílias mais dominantes e o rácio Dicot/Monocot (família, géneros e espécies).

O coeficiente genérico foi calculado segundo Jacord (1912) :

$$\text{Generic coefficient (G) \%} = \frac{\text{Total No. of Genera}}{\text{Total No. of Species}} \times 100$$

Os caracteres fitossociológicos, tais como a frequência, a densidade e a abundância, também foram registados de acordo com o método descrito por Mishra (1968). O diâmetro à altura do peito (perímetro) foi medido para as espécies arbóreas adultas. Para as ervas e plantas pequenas, foi medida a área basal. Os dados foram analisados quantitativamente para obter valores relativos de frequência, densidade e dominância. Estes valores foram adicionados para calcular o Índice de Valor de Importância (IVI) de acordo com Curtis (1959).

As fórmulas são as seguintes

$$\text{Relative Frequency (R.F.)} = \frac{\text{No. of occurrences of the species}}{\text{No. of occurrences of all species}} \times 100$$

$$\text{Relative Density (R.D.)} = \frac{\text{Total no. of individuals of the species}}{\text{No. of individuals of all the species}} \times 100$$

$$\text{Relative Dominance (R.Dom.)} = \frac{\text{Total basal area of the species}}{\text{Total basal area of all species}} \times 100$$

$$\text{Importance Value Index (IVI)} = \text{RF} + \text{RD} + \text{R.Dom.}$$

O rácio entre a abundância e a frequência (A/F) foi utilizado para determinar o padrão de distribuição das espécies vegetais (Wilford, 1942). Nesta base, o padrão de distribuição foi avaliado como 'Regular' (Alta frequência x Baixa abundância) e 'Contagioso' (Baixa frequência x Alta abundância).

A diversidade das espécies foi calculada utilizando o índice de informação de Shannon e Wiener (Shannon & Wiener, 1963).

$$\overline{H} = \sum_{i=1}^{s} (ni / N) \log e \left(\frac{ni}{N}\right)$$

em que, H = Índice de Shannon-Wiener

ni =Valor de importância de uma espécie

N =Valor de importância total de todas as espécies

Pi=Probabilidade de importância para cada espécie

i.e. $\frac{ni}{N}$

Os dados sobre a % de frequência também foram abstraídos para o carácter sintético "Presença" e expressa numa escala de cinco graus, como segue

(a) Raro- presente em 1 a 20% dos povoamentos.

(b) Raramente presente - presente em 21 a 40% dos povoamentos.

(c) Frequentemente presente- presente em 41 a 60% dos povoamentos.

(d) Maioritariamente presente - presente em 61 a 80% dos povoamentos.

(e) Constantemente presente- presente em 81 a 100% dos povoamentos

Capítulo - IV

RESULTADOS E DISCUSSÃO

A vegetação de Koria, especialmente as plantas medicinais, revelou algumas observações muito interessantes sobre vários aspectos. Estas são apresentadas nos quadros 4.i, 4.ii, 4.iii, 4.iv, 4.v, 4.vi e 4.vii.

A análise florística das plantas medicinais observadas nas condições selvagens revela que existem 284 géneros e 364 espécies distribuídas por 93 famílias de plantas com sementes. Foram também observados três géneros e quatro espécies de pteridófitas. As famílias mais dominantes foram Poaceae, com 25 géneros e 29 spp.; Papilionaceae (Fabaceae) com 16 géneros e 20 spp., Rubiaceae, Asteraceae, Acanthaceae com 11 géneros cada e 15, 13 e 12 spp. respetivamente. Apocyna-ceae, com 9 géneros e 13 spp., ocupa o sexto lugar. Verbenaceae e Asclepiadaceae têm 7 géneros cada e 9 e 7 spp. respetivamente, enquanto Caesalpiniaceae e Combretaceae têm 5 géneros cada, distribuídos por 12 e 10 spp. respetivamente. A análise mostra também que existem 235 géneros e 304 spp. que representam plantas dicotiledóneas e 49 géneros e 60 spp. que representam monocotiledóneas. (Quadro 4.i)

Quadro 4.i Análise florística da flora do distrito de Koria (apenas selvagem)

S.No.	Family	Genera	Species
	DICOTYLEDONS		
1.	Acanthaceae	11	12
2.	Amaranthaceae	01	01
3.	Ampelidaceae	01	01
4.	Anacardiaceae	06	06
5.	Annonaceae	02	03
6.	Apiaceae	01	01
7.	Apocynaceae	09	13
8.	Aristolochiaceae	01	01
9.	Asclepiadaceae	07	07
10.	Asteraceae	11	13
11.	Berberidaceae	01	01
12.	Bignoniaceae	04	06
13.	Bixaceae	03	03
14.	Bombacaceae	01	01
15.	Boraginaceae	02	02
16.	Brassicaceae	01	01
17.	Burseraceae	02	02
18.	Cactaceae	01	01
19.	Caesalpiniaceae	05	12
20.	Cannabinaceae	01	02
21.	Capparidaceae	03	05

22.	Celastraceae	03	03
23.	Clusiaceae	01	01
24.	Cochlospermaceae	01	01
25.	Combretaceae	05	10
26.	Convolvulaceae	05	06
27.	Cornaceae	01	01
28.	Crassulaceae	01	01
29.	Cucurbitaceae	02	02
30.	Dilleniaceae	01	01
31.	Dipterocarpaceae	01	01
32.	Ebenaceae	01	03
33.	Euphorbiaceae	10	15
34.	Fumariaceae	01	01
35.	Lamiaceae	07	10
36.	Lauraceae	02	04
37.	Linaceae	02	03
38.	Loranthaceae	01	01
39.	Lythraceae	03	03
40.	Malvaceae	06	06
41.	Meliaceae	05	05
42.	Menispermaceae	02	02
43.	Mimosaceae	05	13
44.	Moraceae	03	06
45.	Myriaceae	01	01
46.	Myrsinaceae	02	02
47.	Myrtaceae	02	03

48.	Nyctaginaceae	02	02
49.	Nyctanthaceae	01	01
50.	Oleaceae	01	01
51.	Onagraceae	01	01
52.	Oxalidaceae	01	01
53.	Papilionaceae	16	20
54.	Passifloraceae	01	01
55.	Pedialiaceae	02	02
56.	Piperaceae	01	01
57.	Plumbaginaceae	01	02
58.	Proteaceae	01	01
59.	Ranunculaceae	01	01
60.	Rhaminaceae	02	04
61.	Rubiaceae	11	15
62.	Rutaceae	04	05
63.	Salicaceae	01	01
64.	Salvadoraceae	01	01
65.	Samydaceae	01	02
66.	Santalaceae	01	01
67.	Sapindaceae	03	03
68.	Sapotaceae	02	02
69.	Saxifragaceae	03	03
70.	Scrophulariaceae	02	02
71.	Simaroubaceae	01	01
72.	Solanaceae	02	03
73.	Sterculiaceae	05	05

74.	Styreceae	01	01
75.	Tamaricaceae	01	01
76.	Thymelaeaceae	01	01
77.	Tiliaceae	04	06
78.	Ulmaceae	01	01
79.	Verbenaceae	07	09
80.	Vitaceae	02	02
81.	Zygophyllaceae	02	02
	Total	**235**	**304**
	MONOCOTYLEDONS		
1.	Amaryllidaceae	01	01
2.	Araceae	02	02
3.	Arecaceae	01	02
4.	Cannanaceae	02	02
5.	Commelinaceae	01	02
6.	Cyperaceae	01	02
7.	Dioscoreaceae	01	02
8.	Liliaceae	06	08
9.	Orchidaceae	03	04
10.	Pandanaceae	01	01
11.	Poaceae	25	29
12.	Zingiberaceae	05	05
	Total	**49**	**60**

O rácio Dicot/Monocot ao nível da família foi de 6,75; enquanto que o rácio D:M ao nível do género foi de 4,79. Ao nível das espécies, foi de 5,06. O coeficiente genérico foi de 78,021. O valor elevado do coeficiente genérico indica que existem mais competições intergenéricas na área de estudo. Thakur *et al.* (2009) registaram um coeficiente genérico de 86,30% na vegetação florestal do distrito de Sagar. Registaram 31 famílias de dicotiledóneas e 01 família de monocotiledóneas distribuídas por 63 géneros e 73 espécies de árvores. Ganeshaiah *et al.* (2002) descreveram um total de 178 famílias compostas por 1408 géneros e 4758 espécies em Karnataka. Também tiveram em consideração as principais zonas climáticas do Estado. Uma Shankar (2001) descreveu a composição florística da floresta tropical decídua de Sal em Darjeeling. Awasthi *et al.* (2007) também registaram a diversidade florística do Parque Nacional de Bandhavgarh, enumerando 47 espécies de plantas.

O presente estudo mostra um maior número de espécies de plantas em comparação com os resultados anteriores, mesmo quando apenas as espécies de plantas medicinais importantes foram tidas em consideração. Isto indica claramente que o solo e as condições climáticas do distrito de Koria favorecem o crescimento luxuriante e a rica estrutura florística.

As observações fitossociológicas sobre plantas medicinais pertencentes ao bloco de Baikunthpur enumeraram 140 plantas. As plantas com 100% de frequência foram *Alangium lamarckii, Diospyros melanoxylon, Lawsonia inermis, Vicia sativa* e *Shorea robusta* (quadro 4.ii). A frequência mínima de 10% foi exibida por *Grewia tiliaefolia, Croton tiglium, Curculigo orchioides* e *Lasiosiphon eriocephalus.*

Uma gama moderada de frequência foi exibida por *Hymenodictyon excelsum, Vicoa auriculata, Andrographis paniculata* e *Ficus infectoria.*

A densidade e a abundância máximas foram observadas no caso de *Vanda roxburghii* e *Cassia sophera*, que foram de 200, 150 e 166,6, respetivamente.

A densidade e abundância mínimas foram observadas em *Curculigo orchioides* (0,25 e 5), *Cordia macleodii* (0,5 e 5) e *Tecomella undulata* (0,25 e 5). Em Manendragarh, Sonhat, Khadgawan e Bharatpur (quadros 4.iii, 4.iv, 4.v e 4.vi) foram registadas 126, 99, 93 e 80 plantas medicinais. As plantas que apresentaram uma frequência máxima em Manendragarh foram *Shorea robusta, Alangium lamarckii, Corchorus trilocularis*, e em Sonhat foram *Aloe barbadensis, Jussiaea suffruticosa, Hygrophila augustifolia* e *Phyllanthus nirurii.* Estas são as plantas comuns distribuídas em Manendragarh e Sonhat.

Em Manendragarh e Sonhat, a força numérica e a abundância também foram registadas como elevadas em *Thysanolaena agrostis, Shorea robusta, Lawsonia inermis, Chloroxylon swietenia e Dodonaea viscosa.* A densidade varia entre 45,2 e 96,3 e a abundância entre 90,4 e 151,6 (Quadros 4.iii e 4.iv).

As espécies vegetais com densidade mínima foram novamente *Curculigo orchioides* e *Gloriosa superba* (0,05 e 1) em Manendragarh; enquanto *Buchanania lanzan, Curcuma amada* e *Glossogyne pinnatifida* em Sonhat (1,6 e 1,5).

Em Sonhat, *Buchanania lanzan* também apresentou uma abundância mínima; enquanto que, em Manendragarh, *Gloriosa superba* apresentou uma abundância mínima (5,33 e 5, respetivamente).

Contudo, em Sonhat, as espécies vegetais menos abundantes foram *Coleus aromaticus, Grewia tiliaefolia, Embelia ribes;* enquanto que em Manendragarh foram *Erythrina indica, Prosopis spicigera* e *Pterospermum acerifolium.*

No bloco de Khadgawan, as espécies vegetais comuns que registaram uma frequência máxima foram *Tribulus terrestris* (90%), *Vicia sativa* (80%) e *Jatropha curcas, Cleome gynandra* e *Blumea lacera* (70%). (Quadro 4.v).

Em termos de população, *a Cleome gynandra* e a *Vicia sativa* apresentaram uma densidade máxima de 66,6 e 66,3, respetivamente. *Cleome gynandra* foi a espécie mais abundante. Outras espécies abundantes encontradas em Khadgawan foram *Thysanolaena agrostis* e *Cymbopogon martini.* Neste sítio, *Caesalpinia bonducella, Hemidesmus indicus, Mimosa pudica, Salmalia malabaricum* foram as plantas que apresentaram valores de frequência mínima de apenas 20%.

A densidade e abundância mínimas foram exibidas por *Leucas cephalotes, Dioscorea bulbifera* e *Salmalia malabaricum* (Quadro 4.v). *Acorus calamus, Caesalpinia bonducella, Amomum subulatum* e *Hemidesmus indicus* foram as espécies raras neste sítio.

No bloco de Bharatpur, *Woodfordia fruticosa, Xanthium strumarium* e *Pergularia extensa* registaram uma frequência máxima de 80%, 70% e 60%, respetivamente. *A Woodfordia fruticosa* também apresentou uma densidade elevada. *Triumfetta rhomboidea* apresentou densidade e abundância máximas, mas *Bacopa monnieri* e *Vanda roxburghii* apresentaram abundância máxima.

Foi abstraído que *Bacopa monnieri, Costus speciosus, Curculigo orchioides, Curcuma amada* e *Embelia robusta* eram as espécies raras. Apresentaram apenas 20% de frequência. *Leea macrophylla* também era muito rara, com uma frequência de apenas 10% e uma densidade de apenas 1. *Curculigo orchioides* e *Pterocarpus marsupium* estavam entre as espécies menos abundantes neste local.

Quadro 4.ii Observação fitossociológica das plantas medicinais do bloco de Baikunthpur

S.No.	Botanical Name	Life form	% Frequency	DensityAbundance	Ecological statu	Distribution	RC
1	*Abelmoschus moschatus* L.	S	10	2.5	25	Rare	C
2	*Abrus precatorius* L.	C	60	40	66.66	Often present	C
3	*Abutilon indicum* G. Don.	S	60	25	41.66	Often present	R
4	*Acacia catechu* Willd.	T	50	10	20	Often present	R
5	*Acacia concinna* DC.	T	20	2.5	6.25	Rare	R
6	*Acorus calamus* L.	H	20	30	100	Rare	C
7	*Adhatoda vasica* Nees.	S	80	15	15	Mostly present	R
8	*Adiantum lunulatum* Burm.	H	20	5	20	Rare	
9	*Adina cordifolia* Hook.f.	T	30	1.5	5	Seldom present	R
10	*Alangium lamarckii* Thw.	T	100	35	35	Constantly present	R
11	*Aloe barbadensis* Mill.	H	100	10	10	Constantly present	R
12	*Alstonia scholaris* Brown.	T	60	50	83.33	Often present	C
13	*Amorphophallus campanulatus* Blume.	H	50	6.7	13.4	Often present	R
14	*Andrographis paniculata* Nees.	H	60	27.5	45.83	Often present	R
15	*Asparagus racemosus* Willd.	H	60	15	25	Often present	R
16	*Barleria cristata* L.	H	50	5	10	Often present	R
17	*Bauhinia purpurea* L.	S	50	6.1	12.2	Often present	R
18	*Bauhinia vahlii* W.&A.	C	60	7.5	8.8	Often present	R
19	*Bauhinia variegata* L.	T	60	10	11.76	Often present	R
20	*Bixa orellana* L.	T	20	1.5	7.5	Rare	R
21	*Blumea lacera* DC	H	90	25	26.3	Constantly present	R
22	*Boerhaavia diffusa* L.	H	70	10	14.28	Mostly present	R
24	*Bryophyllum calycinum* Salis.	H	40	17.5	43.75	Seldom present	C
25	*Butea monosperma* Lam.	T	80	57.8	57.8	Mostly present	R
26	*Carissa spinarum* L.	S	80	100	125	Mostly present	C
27	*Cassia fistula* L.	T	40	7.7	19.25	Seldom present	R
28	*Cassia glauca* Lamk.	T	60	5	8.33	Often present	R
29	Cassia sophera L.	S	90	150	166.6	Constantly present	C
30	*Celastrus paniculata* Willd.	C	10	1	10	Rare	
31	*Centella asiatica* L.	H	30	12.5	62.5	Seldom present	C
32	*Chlorophytum tuberosum* Baker.	H	20	2.5	12.5	Rare	R
33	*Chloroxylon swietenia* DC	T	60	37.6	62.66	Often present	C
34	*Cinnamomum tamala* Fr. Nees.	T	50	30	60	Often present	C
35	*Cissus quadrangularis* L.	C	50	50	62.5	Often present	C
36	*Cleome gynandra* L.	H	90	32.7	36.33	Constantly present	R
37	*Clerodendron serratum* Spreng.	S	40	5	8.33	Seldom present	R
38	*Clitoria ternatea* L.	C	60	17.5	29.16	Often present	R
39	*Convolvulus pluricaulis* Chois.	H	70	22.5	30	Mostly present	R
40	*Cordia macleodii* Hook f. & Thoms.	T	10	0.5	5	Rare	R
41	*Cordia myxa* L.	T	60	7.5	12.5	Often present	R
42	*Crotalaria juncea* L.	H	70	57.14	40	Mostly present	R
43	*Croton tiglium* L.	T	10	1.25	12.5	Rare	C
44	*Curculigo orchioides* Gaertn.	H	10	0.25	5	Rare	R
45	*Curcuma angustifolia* Roxb.	H	40	15	37.5	Seldom present	R
46	*Cuscuta reflexa* Roxb.	H	90	60	98.88	Constantly present	C
47	*Cymbopogon martini* Stapf.	H	60	128.1	213.5	Often present	C
48	*Cyperus rotundus* L.	H	60	29.2	48.66	Often present	R
49	*Cyperus scariosus* Br.	H	70	10	35.71	Mostly present	R
50	*Dalbergia latifolia* Roxb.	T	70	70	100	Mostly present	C

51	*Desmodium gangeticum* DC	H	60	20	33.33	Often present	R
52	*Dioscorea bulbifera* L.	C	60	30	50	Often present	R
53	*Dioscorea daemona* Roxb.	C	40	7.5	16.66	Seldom present	R
54	*Diospyros melanoxylon* Roxb.	T	100	40	40	Constantly present	R
55	*Dodonaea viscosa* L.	H	50	76.6	153.2	Often present	C
56	*Dryopteris crenata* Christ.	H	70	15	20	Mostly present	R
57	*Eclipta alba* Hassk.	H	80	32.5	38.23	Constantly present	R
58	*Embelia ribes* Burm.	C	10	0.5	10	Rare	
59	*Erythrina indica* Lamk.	T	30	5	16.66	Seldom present	R
60	*Euphorbia nerrifolia* L.	S	30	5.8	11.6	Seldom present	R
61	*Euphorbia thymifolia* L.	H	60	12.6	21	Often present	R
52	*Euphorbia tirucalli* L.	S	60	26.5	44.16	Often present	R
63	*Ficus glomerata* Roxb.	T	30	2.5	8.33	Seldom present	R
64	*Ficus hispida* L.	T	60	6.7	11.16	Often present	R
65	*Ficus infectoria* Roxb.	T	50	10	14.8	Often present	R
66	*Flemingia chappar* Ham.	H	50	14.2	28.4	Often present	R
67	*Fumaria parviflora* Lamk.	H	50	40	80	Often present	C
68	*Garcinia indica* L.	T	50	4.7	9.4	Often present	R
69	*Gardenia lucida* Roxb.	T	30	2.5	8.33	Seldom present	R
70	*Glossogyne pinnatifida* DC.	H	30	2.6	8.66	Seldom present	R
71	*Gmelina arborea* Roxb.	T	50	3.8	7.6	Often present	R
72	*Grewia hirsuta* Vanb.	S	30	2.5	10	Seldom present	R
73	*Grewia tiliaefolia* Vahl.	T	10	0.75	7.5	Rare	R
74	*Gymnema sylvestre* R.Br.	C	20	15	30	Rare	C
75	*Hedychium coronarium* Koenig.	H	20	3	15	Rare	R
76	*Helicteres isora* L.	S	60	12.5	20.83	Often present	R
77	*Hemidesmus indicus* Br.	H	60	22.5	37.5	Often present	R
78	*Holarrhena antidysenterica* Wall.	T	90	22.5	22.5	Constantly present	R
79	*Hygrophila augustifolia* R.Br.	H	70	120	150	Mostly present	C
80	*Hymenodictyon excelsum* Wall.	T	50	5	10	Often present	R
81	*Ipomoea digitata* L.	H	40	10	20	Seldom present	R
82	*Jatropha curcas* L.	S	50	100	111.11	Often present	C
83	*Jatropha gossypifolia* L.	S	80	150	187.5	Mostly present	C
84	*Jussiaea suffruticosa* L.	H	70	32.5	46.42	Mostly present	R
85	*Kaempferia rotunda* L.	H	50	20	40	Often present	R
86	*Lannea grandis* Roxb.	T	70	5	6.66	Mostly present	R
87	*Lasiosiphon eriocephalus* Decne.	S	10	1.8	1.8	Rare	C
88	*Lawsonia inermis* L.	S	100	150	150	Constantly present	C
89	*Leucas cephalotes* Spreng.	S	70	20	28.57	Mostly present	R
90	*Lippia nodiflora* Rich	H	60	32.8	54.66	Often present	R
91	*Luffa aegyptiaca* Mill.	C	40	7.5	18.75	Seldom present	R
92	*Martynia diandra* Glox.	S	30	10	33.33	Seldom present	C
93	*Mimosa pudica* L.	H	40	50	125	Seldom present	R
94	*Mucuna prurita* Hook.	C	40	15	30	Seldom present	R
95	*Murraya koenigii* Spreng.	S	30	12.7	31.75	Seldom present	C
96	*Nyctanthes arbor-tristis* L.	S	50	12.5	25	Often present	R
97	*Ocimum basilicum* L.	H	90	65	68.42	Constantly present	R
98	*Odina wodier* Roxb.	T	40	5.8	14.5	Seldom present	R
99	*Operculina turpethum* L.	C	50	17.8	35.6	Often present	R
100	*Ougeinia dalbergioides* Benth.	T	70	5	6.66	Mostly present	R
101	*Oxalis corniculata* L.	H	70	60	85.71	Mostly present	C
102	*Pandanus odoratissimus* Roxb.	S	30	3.3	11	Seldom present	R
103	*Pergularia extensa* N.E.Br.	C	70	17.5	23.33	Mostly present	R
104	*Phyllanthus niruri* L.	H	90	80	84.21	Cosntantly present	R
105	*Piper longum* L.	H	50	35	70	Often present	C

106	*Pluchea lanceolata* Oliver & Hiern	S	60	15	25	Often present	R
107	*Plumbago zeylanica* L.	H	30	30	42.85	Seldom present	C
108	*Psoralia corylifolia* DC.	H	70	60	85.71	Mostly present	C
109	*Pterospermum acerifolium* Willd.	T	60	5	7.69	Oftenpresent	R
110	*Quisqualis indica* L.	H	50	7.5	16.66	Often present	R
111	*Randia dumetorum* Lamk.	S	90	42.5	47.22	Constantly present	R
112	*Rauwolfia serpentina* Benth.	S	20	10	25	Rare	C
113	*Salmalia malabaricum* DC	T	40	30	60	Seldom present	C
114	*Semecarpus anacardium* L.	T	40	2.5	6.25	Seldom present	R
115	*Shorea robusta* Gaertn.	T	100	65	65	Constantly present	R
116	*Sida spinosa* L.	H	50	25	62.5	Often present	C
117	*Smilax zeylanica* L.	C	40	10	25	Seldom present	R
118	*Sphaeranthus indicus* L.	H	90	80	88.88	Constantly preent	R
119	*Spilanthes acmella* L.	H	30	5	25	Seldom present	R
120	*Sterculia urens* Roxb.	T	60	10	15.38	Often present	R
121	*Symplocos racemosa* Roxb.	T	60	7.5	12.5	Often present	R
122	*Tecomella undulata* Seem.	T	10	0.25	5	Rare	R
123	*Tectona grandis* L.	T	50	18.2	26	Often present	R
124	*Terminalia arjuna* W.&A.	T	50	5	7.69	Often present	R
125	*Terminalia belerica* Roxb.	T	30	5.3	17.66	Seldom present	R
126	*Terminalia chebula* Retz.	T	20	3.7	18.5	Rare	R
127	*Terminalia tomentosa* W.&A.	T	70	7.5	10.71	Mostly present	R
128	*Thysanolaena agrostis* Nees.	H	80	50	62.5	Mostly present	R
129	*Tinospora cordifolia* Miers.	C	60	15.7	26.16	Often present	R
130	*Tribulus terrestris* L.	H	60	40	66.66	Often present	C
131	*Triumfetta rhomboidea* Jacq.	H	50	36.9	73.8	Often present	C
132	*Vanda roxburghii* Br.	H	100	200	200	Constantly present	C
133	*Vernonia anthelminticum* Willd.	H	80	60	60	Mostly present	R
134	*Vernonia cinerea* Less.	H	90	65	65	Constantly present	R
135	*Vicia sativa* L.	C	100	65	65	Constantly present	R
136	*Vicoa auriculata* Cass.	H	50	22.8	45.6	Often present	R
137	*Vitex negundo* L.	T	90	35	36.83	Constantly present	R
138	*Wedelia calendulacea* Less.	H	80	70	87.5	Mostly present	C
139	*Woodfordia fruticosa* Kurz.	S	90	40	50	Constantly present	R
140	*Xanthium strumarium* L.	H	30	14.7	49	Seldom present	C

Quadro 4.iii Observação fitossociológica das plantas medicinais do bloco de MANENDRAGARH

S.No.	Botanical Name	Life form	% Frequency	DensityAbundance	Ecological statu	Distribution	RC
1	*Abutilon indicum* G. Don.	S	30	7.9	26.33	Seldom present	R
2	*Acacia catechu* Willd.	T	30	4.7	15.66	Seldom present	R
3	*Adhatoda vasica* Nees	S	70	21.2	30.28	Mostly present	R
4	*Alangium lamarckii* Thw.	T	90	34.4	43	Constantly present	R
5	*Albizzia odoratissima* Benth.	S	80	18.3	22.87	Mostly present	R
6	*Aloe barbadensis* Mill.	S	60	26.3	43.83	Often present	R
7	*Anamirta cocculus* W.&A.	C	60	11.9	19.83	Often present	R
8	*Andrographis paniculata* Nees	H	50	14.1	28.2	Often present	R
9	*Anona reticulata* L.	T	30	3.7	12.33	Seldom present	R
10	*Anthocephalus cadamba* Miq.	T	40	5.7	14.25	Seldom present	R
11	*Artemisia maritima* Linn.	H	40	11.3	28.25	Seldom present	R
12	*Asparagus racemosus* Willd.	H	40	24	60	Seldom present	C
13	*Bacopa monnieri* L.	H	50	31.4	62.8	Seldom present	C
14	*Barleria cristata* L.	H	60	23.7	39.5	Often present	R
15	*Bauhinia vahlii* W.&A.	C	40	5.8	14.5	Seldom present	R
16	*Bauhinia variegata* L.	T	50	24.5	40.83	Often present	R
17	*Blumea lacera* DC	H	50	33.5	47.85	Mostly present	R
18	*Boswellia serrata* Roxb.	T	50	7.4	14.8	Often present	R
19	*Bryonopsis laciniosa* L.	H	30	3	10	Seldom present	R
20	*Butea monosperma* Lamk.	T	40	37.2	41.33	Constantly present	C
21	*Caesalpinia bonducella* Flem.	S	30	13.3	33.25	Seldom present	C
22	*Carissa spinarum* L.	S	60	12.7	21.16	Often present	R
23	*Cassia glauca* Lam.	T	30	4.8	16	Seldom present	R
24	*Cassia sophera* L.	S	50	12.4	24.8	Often present	R
25	*Centella asiatica* L.	H	30	36.1	60.16	Seldom present	C
26	*Chloroxylon swietenia* DC	T	90	82.5	91.66	Cosntantly present	C
27	*Cissus quadrangularis* L.	C	40	10.7	15.28	Seldom present	R
28	*Cleome gynandra* L.	H	50	36.2	72.4	Often present	C
29	*Clerodendron infortunatum* Gaertn.	T	40	5.3	13.25	Seldom present	R
30	*Cochlospermum religiosum* DC	T	40	6	20	Seldom present	R
31	*Colebrookia oppositifolia* Smith	T	40	10.7	26.75	Seldom present	R
32	*Coleus aromaticus* Roxb.	H	50	16.2	32.4	Often present	R
33	*Convolvulus pluricaulis* Chois	H	30	6	20	Seldom present	R
34	*Corchorus trilocularis* L.	S	90	51.5	57.22	Constantly present	R
35	*Cordia myxa* L.	T	40	3.5	8.75	Seldom present	R
36	*Costus speciosus* Smith.	H	20	2.7	13.5	Rare	R
37	*Crinum asiaticum* L.	H	30	5.7	19	Seldom present	R
38	*Crotalaria juncea* L.	H	80	24.3	30.37	Mostly present	R
39	*Cryptolepsis buchanani* Roem.	S	20	5.5	27.5	Rare	C
40	*Curculigo orchioides* Gaertn.	H	20	0.05	5	Rare	R
41	*Cyperus rotundus* L.	H	50	28	56	Often present	C
42	*Desmodium gangeticum* DC	H	40	8.8	22	Seldom present	R
43	*Dioscorea daemona* Roxb.	C	30	2.9	9.66	Seldom present	R
44	*Diospyros melanoxylon* Roxb.	T	80	35.7	44.62	Mostly present	R

45	*Eclipta alba* Hassk.	H	50	27.9	55.8	Often present	C
46	*Elaeocarpus ganitrus* Roxb.	T	20	1.5	7.5	Rare	R
47	*Erythrina indica* Lamk.	T	50	3.6	7.2	Often present	R
48	*Eulophia campestris* Wall.	H	40	4.5	11.25	Seldom present	R
49	*Euphorbia thymifolia* L.	H	50	5.5	13.75	Often present	R
50	*Euphorbia tirucalli* L.	S	70	26	37.14	Mostly present	R
51	*Ficus hispida* L.	T	40	4.3	10.75	Seldom present	R
52	*Ficus infectoria* Roxb.	T	30	5.6	18.66	Seldom present	R
53	*Flemingia nana* Roxb.	H	50	6.5	13	Often present	R
54	*Fumaria parviflora* Lamk.	H	30	9.3	31	Seldom present	C
55	*Garcinia lucida* L.	T	30	10	20	Seldom present	R
56	*Gloriosa superba* L.	S	20	1	5	Rare	R
57	*Glossogyne pinnatifida* DC	H	30	5.9	19.66	Seldom present	R
58	*Gmelina arborea* Roxb.	T	40	7.7	19.25	Seldom present	R
59	*Grevillea robusta* A. Cunn.	T	60	4.9	8.16	Often present	R
60	*Grewia hirsuta* Vanb.	S	40	6.2	15.5	Seldom present	R
61	*Gymnema sylvestre* R.Br.	C	20	2	10	Rare	R
62	*Helicteres isora* L.	S	50	5.5	11	Often present	R
63	*Hemidesmus indicus* Br.	H	40	10.7	26.75	Seldom present	R
64	*Holoptelea integrifolia* Planch.	T	40	6.2	15.5	Seldom present	R
65	*Hygrophila augustifolia* R.Br.	H	50	10	22	Often present	R
66	*Hymenodictyon excelsum* Wall.	T	40	5.8	14.5	Seldom present	R
67	*Hyptis suaveolens* Poit.	S	30	8.7	29	Seldom present	R
68	*Ipomoea digitata* L.	H	60	14	23.33	Often present	R
69	*Ipomoea mauritiana* Lam.	H	30	3.3	11	Seldom present	R
70	*Jatropha curcas* L.	S	40	24.8	62	Seldom present	C
71	*Jussiaea suffruticosa* L.	H	70	41.7	59.57	Mostly present	R
72	*Kaempferia rotunda* L.	H	40	15	37.5	Seldom present	R
73	*Lannea grandis* Roxb.	S	50	4	8	Often present	R
74	*Lawsonia inermis* L.	S	90	93.6	104	Constantly present	C
75	*Lippia nodiflora* Rich.	H	50	28.5	47.5	Often present	R
76	*Litsea glutinosa* Lour.	T	30	5.4	18	Seldom present	R
77	*Martynia diandra* Glox.	S	50	15.1	30.2	Often present	R
78	*Mimusops hexandra* Roxb.	T	40	7.5	25	Seldom present	R
79	*Murraya koenigii* Spreng.	S	50	9.5	19	Often present	R
80	*Nyctanthes arbor-tristis* L.	S	40	7.5	18.75	Seldom present	R
81	*Ocimum basilicum* L.	H	40	15.8	39.5	Seldom present	R
82	*Odina wodier* Roxb.	T	30	6.5	21.66	Seldom present	R
83	*Oroxylum indicum* Vent.	T	20	4.5	15	Rare	R
84	*Paederia foetida* L.	S	40	12.5	31.25	Seldom present	R
85	*Passiflora incarnata* L.	C	20	1.7	8.5	Rare	R
86	*Pedalium murex* L.	S	30	3.5	11.66	Seldom present	R
87	*Pergularia extensa* Br.	C	40	15	37.5	Seldom present	R
88	*Picrorhiza kurroa* Benth.	H	40	12	30	Seldom present	R
89	*Pluchea lanceolata* Oliver & Hiern	S	70	26.7	38.14	Mostly present	R
90	*Plumbago zeylanica* L.	H	20	2	10	Rare	R
91	*Pongamia pinnata* Pierre.	T	60	8.3	13.83	Often present	R
92	*Premna integrifolia* L.	T	50	5.7	11.4	Often present	R
93	*Prosopis spicigera* L.	T	20	1.3	6.5	Rare	R
94	*Psoralea corylifolia* DC.	H	30	4.5	15	Seldom present	R
95	*Pterocarpus marsupium* Roxb.	T	20	1.7	8.5	Rare	R
96	*Pterospermum acerifolium* Willd.	T	20	1.5	7.5	Rare	R
97	*Quisqualis indica* L.	H	30	3	10	Seldom present	R
98	*Randia dumetorum* Lamk.	S	50	25	50	Often present	R
99	*Rauwolfia serpentina* Benth.	S	20	1.8	9	Rare	R

100	*Salmalia malabaricum* DC	T	20	2.5	12.5	Rare	R
101	*Schleichera trijuga* Willd.	T	30	607	16.75	Seldom present	R
102	*Semecarpus anacardium* L.	T	20	1.8	9	Rare	R
103	*Shorea robusta* Gaertn.	T	100	96.3	96.3	Constantly present	R
104	*Sida spinosa* L.	H	30	3.8	12.66	Seldom present	R
105	*Solanum indicum* L.	S	40	11.3	28.25	Seldom present	R
106	*Sphaeranthus indicus* L.	H	70	30.5	43.57	Mostly present	R
107	*Sterculia urens* Roxb.	T	30	4	13.33	Seldom present	R
108	*Stevia rebaudiana* Bertoni.	H	40	70	17.5	Seldom present	R
109	*Symplocos racemosa* Roxb.	T	40	7.2	18	Seldom present	R
110	*Tectona grandis* L.	T	40	5.7	14.25	Seldom present	R
111	*Terminalia arjuna* W.&A.	T	30	3.3	11	Seldom present	R
112	*Terminalia chebula* Retz.	T	30	3.7	12.33	Seldom present	R
113	*Terminalia tomentosa* W.&A.	T	50	15.3	30.6	Often present	R
114	*Thalictrum foliolosum* DC.	H	20	4	20	Rare	
115	*Thysanolaena agrostis* Nees.	H	90	81.6	90.66	Constantly present	C
116	*Tinospora cordifolia* Miers.	C	30	8.7	29	Seldom present	R
117	*Tribulus terrestris* L.	H	80	40.8	51	Mostly present	R
118	*Triumfetta rhomboidea* Jacq.	H	70	41.8	59.71	Mostly present	R
119	*Uraria picta* Desv.	H	30	3.2	10.66	Seldom present	R
120	*Vanda roxburghii* Br.	H	90	72.3	80.33	Constantly present	R
121	*Vernonia cinerea* Less.	H	40	10.1	25.25	Seldom present	R
122	*Vicoa auriculata* Cass.	H	60	35.8	59.66	Often present	R
123	*Vitex negundo* L.	T	60	9.1	15.16	Often present	R
124	*Withania somnifera* Dun.	H	30	4.3	14.33	Seldom present	R
125	*Woodfordia fruticosa* Kurz.	S	80	57	71.25	Mostly present	R
126	*Xanthium strumarium* L.	H	60	32.3	53.83	Often present	R

Quadro 4.iv Observação fitossociológica das plantas medicinais do bloco SONHAT

S.No.	Botanical Name	Life form	% Frequency	DensityAbundance	Ecological status	Distribution	RC
1	*Abelmoschus moschatus* L.	S	30	4.3	14.33	Seldom present	R
2	*Acorus calamus* L.	H	30	2.4	8	Seldom present	R
3	*Albizzia odoratissima* Benth.	S	70	10.2	14.57	Mostly present	R
4	*Aloe barbadensis* Mill.	H	90	21.4	23.77	Constantly present	R
5	*Amomum subulatum* Roxb.	S	40	5.7	14.25	Seldom present	R
6	*Amorphophallus campanulatus* Blume.	H	30	3.5	11.6	Seldom present	R
7	*Andrographis paniculata* Nees.	H	30	10.6	35.33	Seldom present	C
8	*Anona reticulata* L.	T	30	2.2	7.33	Seldom present	R
9	*Anthocephalus cadamba* Miq.	T	50	5.5	11	Often present	R
10	*Aristolochia indica* L.	H	30	4.1	13.66	Seldom present	R
11	*Asparagus racemosus* Willd.	H	30	27.7	46.16	Seldom present	R
12	*Bacopa monnieri* L.	H	80	19.7	24.62	Mostly present	R
13	*Barleria prionitis* L.	H	40	5.4	13.5	Seldom present	R
14	*Bauhinia purpurea* L.	S	40	11.7	23.4	Seldom present	R
15	*Bauhinia variegata* L.	T	40	3.1	7.75	Seldom present	R
16	*Blumea lacera* DC	H	30	14.5	48.33	Seldom present	C
17	*Boerhaavia diffusa* L.	H	70	18.6	26.57	Mostly present	R
18	*Boswellia serrata* Roxb.	T	60	9.8	16.33	Often present	R
19	*Bryonopsis laciniosa* L.	H	20	1.9	9.5	Rare	R
20	*Buchanania lanzan* Spreng.	T	30	1.6	5.33	Seldom present	R
21	*Butea monosperma* Lamk.	T	50	21.4	23.77	Often present	R
22	*Caesalpinia bonducella* Flem.	S	40	5.9	14.75	Seldom present	R
23	*Canna indica* L.	H	70	20.2	28.85	Mostly present	R
24	*Carissa spinarum* L.	S	40	26.7	33.37	Seldom present	R

25	*Cassia fistula* L.	T	50	5.8	11.6	Often present	R
26	*Cassia glauca* Lamk.	T	30	4	13.33	Seldom present	R
27	*Cinnamomum tamala* Fr. Nees.	T	20	1.4	7	Rare	R
28	*Cissus quadrangularis* L.	C	30	21.6	36	Seldom present	C
29	*Cleome gynandra* L.	H	50	57.5	63.88	Often present	C
30	*Clerodendron infortunatum* Gaertn.	T	50	10.3	20.6	Often present	R
31	*Clitoria ternatea* L.	C	30	19.5	32.5	Seldom present	C
32	*Colebrookia oppositifolia* Smith	T	40	12.7	15.87	Seldom present	R
33	*Coleus aromaticus* Roxb.	H	30	9.6	3.2	Seldom present	R
34	*Convolvulus pluricaulis* Chois.	H	40	11.2	28	Seldom present	R
35	*Corchorus trilocularis* L.	S	80	45.6	57	Mostly present	R
36	*Crotalaria juncea* L.	H	70	16.2	23.14	Mostly present	R
37	*Curcuma amada* Roxb.	H	20	1.5	7.5	Rare	R
38	*Cuscuta reflexa* Roxb.	H	50	19.8	39.6	Often present	
39	*Cymbopogon martini* Stapf.	H	50	1.9	9.5	Often present	R
40	*Cyperus rotundus* L.	H	20	11.1	55.5	Rare	C
41	*Dalbergia latifolia* Roxb.	T	30	2.7	9	Seldom present	R
42	*Dioscorea bulbifera* L.	C	40	7	17.5	Seldom present	R
43	*Diospyros melanoxylon* Roxb.	T	50	42.5	85	Often present	C
44	*Dodonaea viscosa* L.	H	30	45.5	151.6	Seldom present	C
45	*Embelia ribes* Burm.	C	20	1.5	5	Rare	R
46	*Euphorbia neriifolia* L.	S	50	15.1	30.2	Often present	R
47	*Euphorbia thymifolia* L.	H	60	18.7	31.16	Often present	R
48	*Ficus glomerata* Roxb.	T	40	8.2	16.4	Seldom present	R
49	*Flemingia chappar* Ham.	H	40	7.6	19	Seldom present	R
50	*Garcinia indica* L.	T	30	2.9	9.66	Seldom present	R
51	*Glossogyne pinnatifida* DC.	H	20	1.5	7.5	Rare	R
52	*Gmelina arborea* Roxb.	T	30	2.7	9	Seldom present	R
53	*Grevillea robusta* A. Cunn.	T	40	7.1	17.75	Seldom present	R
54	*Grewia tiliaefolia* Vahl.	T	10	0.4	4	Rare	R

55	*Holarrhena antidysenterica* Wall.	T	40	8.4	21	Seldom present	R
56	*Holoptelea integrifolia* Planch.	T	50	6.4	12.8	Often present	R
57	*Hygrophila augustifolia* R.Br.	H	80	30.6	38.25	Mostly present	R
58	*Ipomoea digitata* L.	H	50	5.2	10.4	Often present	R
59	*Jatropha gossypifolia* L.	S	60	14.2	23.66	Often present	R
60	*Jussiaea suffruticosa* L.	H	90	46.6	51.77	Constantly present	R
61	*Kaempferia rotunda* L.	H	30	13.4	26.8	Seldom present	R
62	*Lippia nodiflora* Rich	H	60	26.3	43.83	Often present	R
63	*Litsea glutinosa* Lour.	T	20	2	8.5	Rare	R
64	*Luffa aegyptiaca* Mill.	C	60	14.7	24.5	Often present	R
65	*Manihot glaziovii* Mull.	T	20	0.9	4.5	Rare	R
66	*Melia azedarach* L.	T	50	3.4	6.8	Often present	R
67	*Mimusops hexandra* Roxb.	T	50	5.7	11.4	Often present	R
68	*Mucuna prurita* Hook.	C	50	7.1	14.2	Often present	R
69	*Murraya koenigii* Spreng.	S	40	5.9	14.75	Seldom present	R
70	*Nyctanthes arbor-tristis* L.	S	30	4.5	15	Seldom present	R
71	*Odina wodier* Roxb.	T	30	2.9	9.66	Seldom present	R
72	*Operculina turpethum* L.	C	50	15.9	22.71	Often present	R
73	*Oxalis corniculata* L.	H	50	11.3	22.6	Often present	R
74	*Oxystelma esculentum* Br.	H	50	13.5	27	Often present	R
75	*Paederia foetida* L.	S	40	8.5	21.25	Seldom present	6
76	*Pergularia extensa* N.E. Br.	C	50	10.3	20.6	Often present	R
77	*Phyllanthus niruri* L.	H	80	19.5	24.3	Mostly present	R
78	*Picrorhiza kurroa* Benth.	H	50	12.6	25.2	Often present	R
79	*Pluchea lanceolata* Oliver & Hiern	S	50	11.7	23.4	Often present	R
80	*Pongamia pinnata* Pierre	T	50	8	16	Often present	R
81	*Premna integrifolia* L.	T	30	2.2	7.33	Seldom present	R
82	*Psoralea corylifolia* DC.	H	60	12.5	20.83	Often present	R
83	*Schleichera trijuga* Willd.	T	60	7.8	13	Often present	R
84	*Shorea robusta* Gaertn.	T	50	45.2	90.4	Often present	C
85	*Sida spinosa* L.	H	30	9.3	31	Seldom present	C
86	*Solanum indicum* L.	S	60	15.5	25.83	Often present	R
87	*Sphaeranthus indicus* L.	H	30	6.8	22.66	Seldom present	R
88	*Stevia rebaudiana* Bertoni.	H	20	2.2	1.1	Rare present	R
89	*Thysanolaena agrostis*	H	60	67.1	111.8	Often present	C

	Nees.						
90	*Tinospora cordifolia* Miers.	C	30	9.8	19.6	Seldom present	R
91	*Uraria picta* Desv.	H	30	2.6	8.66	Seldom present	R
92	*Urginea indica* Kunth.	H	50	13.2	26.4	Often present	R
93	*Vanda roxburghii* Br.	H	50	35.1	70.2	Often present	C
94	*Vernonia anthelminticum* Willd.	H	60	37.2	62	Often present	C
95	*Vicia sativa* L.	H	60	53.6	89.3	Often present	C
96	*Vicoa auriculata* Cass.	H	50	21.9	43.8	Often present	R
97	*Wedelia calendulacea* Less.	H	30	8.9	29.6	Seldom present	R
98	*Withania somnifera* Dun.	H	30	6.3	21	Seldom present	R
99	*Zizyphus xylopyra* Willd.	T	70	10.9	18.16	Mostly present	R

Quadro 4.v Observação fitossociológica das plantas medicinais do bloco KHADGAWAN

S.No.	Botanical Name	Life form	% Frequency	Density Abundance	Ecological status	Distribution	RC
1	*Acorus calamus* L.	H	20	3.7	18.5	Rare	R
2	*Alangium lamarckii* Thw.	T	60	13.2	22	Often present	R
3	*Alstonia scholaris* Brown.	T	30	2.5	8.33	Seldom present	R
4	*Amomum subulatum* Roxb.	S	20	3.1	15.5	Rare	R
5	*Amorphophallus campanulatus* Roxb.	H	20	3.4	17	Rare	R
6	*Anamirta cocculus* W.&.A.	C	50	6.4	12.8	Often present	R
7	*Artemisia maritima* Linn.	H	60	15.1	25.16	Often present	R
8	*Barleria cristata* L.	H	40	15.3	30.6	Seldom present	R
9	*Bauhinia purpurea* L.	S	60	12.4	20.66	Often present	R
10	*Bauhinia variegata* L.	T	30	3.2	10.66	Seldom present	R
11	*Blumea lacera* DC.	H	70	26.3	37.57	Mostly present	R
12	*Bryophyllum calycinum* Salis.	H	50	29.1	58.2	Often present	C
13	*Buchanania lanzan* Spreng.	T	20	3.5	17.5	Rare	R
14	*Butea monosperma* Lamk.	T	40	16.9	42.25	Seldom present	C
15	*Caesalpinia bonducella* Flem.	S	20	7.5	37.5	Rare	C
16	*Canna indica* L.	H	40	5.4	13.5	Seldom present	R
17	*Cannabis corniculata* L.	S	40	8.5	14.16	Seldom present	R
18	*Carissa spinarum* L.	S	30	33.5	41.87	Seldom present	C
19	*Cassia fistula* L.	T	50	10.5	26.25	Often present	R
20	*Cassia sophera* L.	S	50	4.3	8.6	Often present	R
21	*Centella asiatica* L.	H	50	21.9	36.5	Often present	R
22	*Chloroxylon swietenia* DC.	T	50	25.9	51.8	Often present	C
23	*Cleome gynandra* L.	H	70	66.6	95.14	Mostly present	C
24	*Clitoria ternatea* L.	C	20	3.3	16.5	Rare	R
25	*Cochlospermum religiosum* DC.	T	30	5.4	18	Seldom present	R
26	*Colebrookia oppositifolia* Smith	T	50	6.3	12.6	Often present	R
27	*Coleus aromaticus* Roxb.	H	30	10.4	34.66	Seldom present	C
28	*Corchorus trilocularis* L.	S	40	13.9	34.75	Seldom present	R
29	*Cryptolepsis buchanani* Roem.	S	40	7.7	19.25	Seldom present	R
30	*Curcuma angustifolia* Roxb.	H	50	11.1	22.2	Often present	R
31	*Curcuma aromatica* Salisb.	H	40	23.5	58.75	Seldom present	C
32	*Cuscuta reflexa* Roxb.	H	20	7.7	38.5	Rare	C
33	*Cymbopogon martini* Stapf.	H	40	45.6	114	Seldom present	C
34	*Cyperus rotundus* L.	H	50	29.8	59.6	Often present	C
35	*Cyperus scariosus* Br.	H	60	44.5	74.16	Often present	C
36	*Dalbergia latifolia* Roxb.	T	50	12.1	24.2	Often present	R
37	*Dioscorea bulbifera* L.	C	30	2.3	7.66	Seldom present	R
38	*Diospyros melanoxylon* Roxb.	T	40	34.4	43	Seldom present	C
39	*Dodonaea viscosa* L.	H	50	33.5	67	Often present	C
40	*Dryopteris crenata* Christ.	H	30	6	20	Seldom present	R
41	*Eclipta alba* Hassk.	H	60	20.4	34	Often present	R
42	*Euphorbia neriifolia* L.	S	50	13.2	26.4	Often present	R
43	*Euphorbia tirucalli* L.	S	60	18.3	30.5	Often present	R
44	*Flemingia nana* Roxb.	H	40	5.5	13.75	Seldom present	R

45	*Garcinia indica* L.	T	50	6.2	12.4	Often present	R
46	*Helicteres isora* L.	S	40	7.8	19.5	Seldom present	R
47	*Hemidesmus indicus* Br.	H	20	3.3	11	Rare	R
48	*Holoptelea integrifolia* Planch.	T	60	7.2	12	Often present	R
49	*Hygrophila augustifolia* R.Br.	H	60	24.3	40.5	Often present	R
50	*Hyptis suaveolens* Poit	S	30	13	43.33	Seldom present	C
51	*Ipomoea mauritiana* Lam.	H	40	16.9	42.25	Seldom present	C
52	*Jatropha curcas* L.	S	70	35	50	Mostly present	R
53	*Jatropha gossypifolia* L.	S	50	17.4	34.8	Often present	R
54	*Jussiaea suffruticosa* L.	H	50	26.2	52.4	Often present	C
55	*Lawsonia inermis* L.	S	60	48.2	80.33	Often present	C
56	*Leucas cephalotes* Spreng.	S	30	1	10	Seldom present	R
57	*Luffa aegyptiaca* Mill.	C	70	8.4	12	Mostly present	R
58	*Melia azedarach* L.	T	30	3.7	12.33	Seldom present	R
59	*Mimosa pudica* L.	H	20	7.2	36	Rare	C
60	*Murraya koenigii* Spreng.	S	60	25.5	42.5	Often present	R
61	*Ocimum basilicum* L.	H	60	32.6	54.33	Often present	R
62	*Ougeinia dalbergioides* Benth.	T	50	8.1	16.2	Often present	R
63	*Oxystelma esculentum* Br.	H	30	7	35	Seldom present	C
64	*Pedalium murex* L.	S	50	13.1	26.2	Often present	R
65	*Phyllanthus niruri* L.	H	40	18.7	46.75	Seldom present	C
66	*Picrorhiza kurroa* Benth.	H	60	28.7	47.83	Often present	R
67	*Piper longum* L.	H	40	6	15	Seldom present	R
68	*Pterospermum acerifolium* Willd.	T	30	2.3	7.66	Seldom present	R
69	*Pueraria tuberosa* DC.	C	30	2.7	9	Seldom present	R
70	*Quisqualis indica* L.	H	40	26.3	65.75	Seldom present	C
71	*Randia dumetorum* Lamk.	S	30	8.7	29	Seldom present	R
72	*Salmalia malabaricum* DC.	T	20	1.5	7.5	Rare	R
73	*Shorea robusta* L.	T	50	34.1	68.2	Often present	C
74	*Smilax zeylanica* L.	C	30	5.4	13.5	Seldom present	R
75	*Sphaeranthus indicus* L.	H	40	8.4	21	Seldom present	R
76	*Spilanthes acmella* L.	H	20	3	15	Rare	R
77	*Stevia rebaudiana* Bertoni.	H	30	6.2	20.66	Seldom present	R
78	*Tectona grandis* L.	T	30	3.1	10.33	Seldom present	R
79	*Terminalia arjuna* W.&A.	T	30	10	6.66	Seldom present	R
80	*Terminalia belerica* Roxb.	T	30	4.5	15	Seldom present	R
81	*Thalictrum foliolosum* DC.	H	40	10	25	Seldom present	R
82	*Thysanolaena agrostis* Nees.	H	40	55.4	138.5	Seldom present	C
83	*Tribulus terrestris* L.	H	90	46.4	51.55	Constantly present	R
84	*Triumfetta rhomboidea* Jacq.	H	60	21.4	35.66	Often present	R
85	*Vernonia anthelminticum* Willd.	H	50	22	44	Often present	R
86	*Vernonia cinerea* Less.	H	50	24.7	49.4	Often present	R
87	*Vicia sativa* L.	C	80	66.3	82.87	Mostly present	C
88	*Vicoa auriculata* Cass.	H	50	23.2	46.4	Often present	R
89	*Vitex negundo* L.	T	40	5.5	13.75	Seldom present	R
90	*Wedelia calendulacea* Less.	H	20	7.1	35.5	Rare	C
91	*Woodfordia fruticosa* Kurz.	S	60	33.1	47.28	Often present	R
92	*Xanthium strumarium* L.	H	30	14	46.66	Seldom present	C
93	*Zizyphus xylopyra* Willd.	T	30	9.7	32.33	Seldom present	C

Quadro 4.vi Observação fitossociológica das plantas medicinais do bloco BHARATPUR

S. No.	Botanical Name	Life form	% Frequency	DensityAbundance	Ecological status	Distribution	RC
1	*Adhatoda vasica* Nees.	S	40	6.2	15.5	Seldom present	R
2	*Adina cordifolia* Hook. f.	T	30	2.3	7.6	Seldom present	R
3	*Albizzia odoratissima* Benth.	S	50	17.3	34.6	Often present	R
4	*Aristolochia indica* L.	H	30	3	10	Seldom present	R
5	*Bacopa monnieri* L.	H	20	23.3	116.5	Rare	C
6	*Barleria prionitis* L.	H	50	9.8	19.6	Often present	R
7	*Bauhinia purpurea* L.	S	40	8.5	21.25	Seldom present	R
8	*Boswellia serrata* Roxb.	T	40	3.5	8.75	Seldom present	R
9	*Bryophyllum calycinum* Salis.	H	60	40.3	67.1	Often present	C
10	*Cannabis corniculata* L.	S	40	9.6	24	Seldom present	R
11	*Cassia sophera* L.	S	40	10.1	25.2	Seldom present	R
12	*Chlorophytum tuberosum* Baker.	H	20	2.2	11	Rare present	R
13	*Clerodendron serratum* Spreng.	S	30	5.3	13.2	Seldom present	R
14	*Costus speciosus* Smith	H	20	5.9	29.5	Rare	C
15	*Crinum asiaticum* L.	H	30	2.6	8.6	Seldom present	R
16	*Curculigo orchioides* Gaertn.	H	20	1.4	7	Rare	R
17	*Curcuma amada* Roxb.	H	20	5.3	26.5	Rare	C
18	*Curcuma aromatica* Salisb.	H	50	43.3	86.6	Often present	C
19	*Cymbopogon flexuosus* Hack.	S	20	2.8	14	Rare	R
20	*Cymbopogon martini* Stapf.	H	50	68	136	Often present	C
21	*Cyperus rotundus* L.	H	40	42.9	107.2	Seldom present	C
22	*Cyperus scariosus* Br.	H	50	51.4	102.8	Often present	C
23	*Dodonaea viscosa* L.	H	60	42.1	70.16	Often present	C
24	*Dryopteris crenata* Christ.	H	20	17	8.5	Rare	R
25	*Embelia robusta* Roxb.	S	20	2.1	10.5	Rare	R

26	*Erythrina indica* Lamk.	T	40	6.7	16.7	Seldom present	R
27	*Eulophia campestris* Wall.	H	30	3.3	11	Seldom present	R
28	*Euphorbia tirucalli* L.	S	50	17.5	35	Often present	R
29	*Ficus hispida* L.	T	50	4.2	8.4	Often present	R
30	*Flemingia nana* Roxb.	H	50	11.5	23	Often present	R
31	*Gloriosa superba* L.	S	30	2.6	8.66	Seldom present	R
32	*Glossogyne pinnatifida* DC	H	30	3.7	12.33	Seldom present	R
33	*Grevillea robusta* A. Cunn.	T	30	5.5	18.33	Seldom present	R
34	*Grewia hirsuta* Vanb.	S	20	2.9	14.5	Rare	R
35	*Holoptelea integrifolia* Planch.	T	30	3.2	10.66	Seldom present	R
36	*Holarrhena antidysenterica* Wall.	T	30	7.5	25	Seldom present	R
37	*Jatropha gossypifolia* L.	S	60	28	46.6	Often present	R
38	*Jussiaea suffruticosa* L.	H	40	38.7	96.7	Seldom present	C
39	*Lasiosiphon eriocephalus* Decne	H	20	0.8	4	Rare	R
40	*Lawsonia inermis* L.	S	50	51.1	102.2	Often present	C
41	*Leea macrophylla* Horn.	S	10	1	10	Rare	
42	*Lepidium sativum* L.	S	30	7.5	25	Often present	R
43	*Leucas cephalotes* Spreng.	S	50	18.7	37.4	Often present	R
44	*Martynia diandra* Glox.	S	60	9.5	15.83	Often present	R
45	*Mimusops hexandra* Roxb.	T	20	2.7	13.5	Rare	R
46	*Ocimum basilicum* L.	H	50	22	44	Often present	R
47	*Ougeinia dalbergioides* Benth.	T	40	10.5	26.25	Seldom present	R
48	*Oxalis corniculata* L.	H	60	21.9	36.5	Often present	R
49	*Oxystelma esculentum* Br.	H	30	9.5	31.66	Seldom present	C
50	*Paederia foetida* L.	S	50	12.7	25.4	Often present	R
51	*Pandanus odoratissimus* Roxb.	S	30	3.5	11.66	Seldom present	R
52	*Passiflora incarnata* L.	C	30	2.3	7.66	Seldom present	R
53	*Pergularia extensa* N.E.Br.	C	60	14.2	23.6	Often present	R
54	*Phyllanthus niruri* L.	H	50	21.3	42.6	Often present	R
55	*Pluchea lanceolata* Oliver & Hierno.	S	40	5.1	12.75	Seldom present	R
56	*Pongamia pinnata* Pierre.	T	40	3.4	8.5	Seldom present	R

57	*Premna integrifolia* L.	T	50	8.5	17	Often present	R
58	*Prosopis spicigera* L.	T	20	0.9	9	Rare	R
59	*Psoralea corylifolia* DC	H	50	8.3	16.6	Often present	R
60	*Pterocarpus marsupium* Roxb.	T	30	2.2	7.33	Seldom present	R
61	*Pueraria tuberosa* DC	C	30	3.3	11	Seldom present	R
62	*Rauwolfia tetraphylla* L.	S	20	3.5	17.5	Rare	R
63	*Schleichera trijuga* Willd.	T	40	5	12.5	Seldom present	R
64	*Shorea robusta* Gaertn.	T	90	95.9	106.5	Constantlyl present	C
65	*Solanum indicum* L.	S	30	6.4	21.33	Seldom present	R
66	*Spilanthes acmella* L.	H	20	4.8	24	Rare	C
67	*Stevia rebaudiana* Bertoni.	H	50	28	56	Often present	C
68	*Terminalia belerica* Roxb.	T	40	6.5	16.25	Seldom present	R
69	*Terminalia tomentosa* W.&A.	T	60	6.8	11.33	Often present	R
70	*Tribulus terrestris* L.	H	30	26.4	88	Seldom present	C
71	*Triumfetta rhomboidea* Jacq.	H	40	56.5	141.2	Seldom present	C
72	*Urginea indica* Kunth.	H	60	47.7	79.5	Often present	C
73	*Vanda roxburghii* L.	H	40	45.4	113.5	Seldom present	C
74	*Vernonia anthelminticum* Willd.	H	50	45.7	91.4	Often present	C
75	*Vernonia cinerea* Less.	H	40	9.3	23.25	Seldom present	R
76	*Vicia sativa* L.	C	50	28.9	57.8	Often present	C
77	*Vitex negundo* L.	T	40	4.5	11.2	Seldom present	C
78	*Wedelia calendulacea* Less.	H	50	13.5	27	Often present	R
79	*Woodfordia fruticosa* Kurz.	S	80	59.3	74.12	Mostly present	R
80	*Xanthium strumarium* L.	H	70	28.5	40.71	Mostly present	R

A abstração final do comportamento fitossociológico sob a forma dos seus Índices de Valor de Importância revelou que o IVI máximo foi exibido por *Woodfordia fruticosa* (28,65), *Shorea robusta* (23.25), *Dodonaea viscosa, Albizzia odoratissima* e *Lawsonia inermis* ficaram em segundo lugar, entre 16,99 e 17,87, e *Butea monosperma, Corchorus trilocularis, Vanda roxburghii* e *Cymbopogon martini* foram as espécies classificadas em terceiro lugar, no que diz respeito ao IVI (Quadro 4.vii). Com base no IVI, *Woodfordia fruticosa* parece ser a espécie arbórea dominante no distrito. *A Shorea robusta* foi registada como codominante no presente estudo. Classificou-se a seguir à *Woodfordia fruticosa* em termos de IVI. (Fig.-vii)

Quadro 4.vii Índice do Valor de Importância (IVI) de diferentes espécies de plantas medicinais do distrito de Koria

S.No.	Plant species	Relative Density (R.D.)	Relative Frequency (R.F.)	Relative Dominance (R.Dom.)	I.V.I. (R.D.+R.F.+R.Dom.)
1	*Abelmoschus moschatus* L.	0.07319	0.1527	0.1674	0.39329
2	*Abrus precatorius* L.	1.171	0.9167	1.5562	3.6439
3	*Abutilon indicum* G. Don.	0.7319	0.9167	1.1041	2.7527
4	*Acacia catechu* Willd.	0.2927	0.7639	1.1074	2.164
5	*Acacia concinna* DC.	0.07319	0.6111	0.2877	0.97199
6	*Acorus calamus* L.	0.8783	0.3819	0.1293	1.3895
7	*Adhatoda vasica* Nees.	0.4391	1.5278	4.2806	6.2475
8	*Adiantum lunulatum* Burm.	0.1463	0.3055	0.7903	1.2421
9	*Adina cordifolia* Hook.f.	0.763	0.132	2.936	3.831
10	*Alangium lamarckii* Thw.	1.8296	1.5863	6.0289	9.4448
11	*Albizzia odoratissima* Benth.	2.544	2.895	12.184	17.623
12	*Aloe barbadensis* Mill.	0.2927	1.5278	2.3611	4.1816
13	*Alstonia scholaris* Brown.	1.4638	0.9167	3.3065	5.687
14	*Amomum subulatum* Roxb.	0.763	0.113	0.446	1.322
15	*Amorphophallus campanulatus* Blume.	0.508	0.151	0.123	0.782
16	*Anamirta cocculus* W.& A.	1.084	0.984	1.2053	3.273
17	*Andrographis paniculata* Nees.	0.8051	0.9167	2.6872	4.409
18	*Anona reticulata* L.	0.763	0.17	0.2827	1.215
19	*Anthocephalus cadamba* Miq.	1.017	0.17	1.572	2.759
20	*Aristolochia indica* L.	1.017	0.291	0.0987	1.406
21	*Artemisia maritima* Linn.	0.768	0.143	0.436	1.347
22	*Asparagus racemosus* Willd.	0.4391	0.9167	1.05316	2.40896
23	*Bacopa monnieri* Linn.	1.017	3.069	0.208	4.294
24	*Barleria cristata* L.	0.1463	0.7639	0.7168	1.627
25	*Barleria prionitis* L.	0.763	1.228	0.5	2.491
26	*Bauhinia purpurea* L.	1.017	0.317	1.939	3.273
27	*Bauhinia vahlii* W.&A.	0.2195	1.2987	3.6351	5.1533

28	*Bauhinia variegata* L.	0.2927	1.2987	2.3642	3.9556
29	*Bixa orellana* L.	0.04391	0.3055	0.0377	0.38711
30	*Blumea lacera* DC.	0.7319	1.4514	2.7416	4.9249
31	*Boerhaavia diffusa* L.	0.2927	1.06951	0.5748	1.93701
32	*Boswellia serrata* Roxb.	1.526	0.332	4.724	6.582
33	*Bryonopsis laciniosa* L.	0.5855	0.9167	3.0177	4.5199
34	*Bryophyllum calycinum* Salis.	0.5123	0.6111	0.2972	1.4206
35	*Buchanania lanzan* Spreng.	0.763	0.12	0.416	1.299
36	*Butea monosperma* Lamk.	2.798	4.51	7.6609	14.968
37	*Caesalpinia bonducella* Fleming.	1.526	0.782	3.717	6.025
38	*Canna indica* L.	1.272	0.744	1.415	3.431
39	*Cannabis corniculata* L.	1.017	0.400	2.175	3.592
40	*Carissa spinarum* L.	2.9277	1.2223	6.5228	10.6728
41	*Cassia fistula* L.	0.8772	0.6578	2.7325	4.267
42	*Cassia glauca* Lamk.	0.1463	0.9167	2.4511	3.5141
43	*Cassia sophera* L.	4.3915	1.375	0.5979	6.3644
44	*Celastrus paniculata* Willd.	0.02927	0.1527	0.05435	0.23632
45	*Centella asiatica* L.	0.3659	0.4583	0.5029	1.3271
46	*Chlorophytum tuberosum* Baker.	0.07319	0.3819	0.2442	0.69929
47	*Chloroxylon swietenia* DC.	1.017	2.854	8.4133	12.284
48	*Cinnamomum tamala* Fr. Nees.	0.8783	0.7639	3.1459	4.7881
49	*Cissus quadrangularis* L.	1.4638	0.8403	0.20044	2.50454
50	*Cleome gynandra* L.	1.272	2.589	0.878	4.739
51	*Clerodendron infortunatum* Gaertn.	0.763	0.385	1.386	2.534
52	*Clerodendron serratum* Spreng.	0.1463	0.9167	2.5479	3.6109
53	*Clitoria ternatea* L.	0.5123	0.9167	2.2561	3.6851
54	*Cochlospermum religiosum* DC.	1.543	0.71	1.581	3.834
55	*Colebrookia oppositifolia* Smith.	2.29	5.98	1.2174	9.487
56	*Coleus aromaticus* Roxb.	1.763	2.362	4.801	8.926
57	*Convolvulus pluricaulis* Chois.	0.6587	1.1459	3.4488	5.2534
58	*Corchorus trilocularis* L.	2.544	2.725	9.249	14.518
59	*Cordia macleodii* Hook.F. & Thomson	0.0742	0.0423	0.04213	0.1586
60	*Cordia myxa* L.	0.2195	0.9167	1.0117	2.1479
61	*Costus speciosus* Smith.	1.272	0.597	0.689	2.558
62	*Crinum asiaticum* L.	1.781	0.8922	0.302	2.975

63	*Crotalaria juncea* L.	1.6728	1.06951	4.3655	7.10781
64	*Croton tiglium* L.	0.03659	0.1527	0.3442	0.53349
65	*Cryptolepsis buchanani* Roem.	1.017	0.574	1.364	2.955
66	*Curculigo orchioides* Gaertn.	0.007319	0.07639	0.02155	0.10525
67	*Curcuma amada* Roxb.	1.017	0.415	0.983	2.415
68	*Curcuma angustifolia* Roxb.	0.4391	0.6111	1.09787	2.14807
69	*Curcuma aromatica* Salisb.	0.763	4.393	1.788	6.944
70	*Cuscuta reflexa* Roxb.	2.3421	1.375	2.1555	5.8726
71	*Cymbopogon flexuosus* Hack.	1.017	2.491	5.916	9.424
72	*Cymbopogon martini* Stapf.	4.8175	2.3512	6.0231	13.191
73	*Cyperus rotundus* L.	3.5213	1.1329	3.7651	8.4193
74	*Cyperus scariosus* Br.	1.272	1.183	0.481	2.936
75	*Dalbergia latifolia* Roxb.	2.0493	1.06951	6.6284	9.74721
76	*Desmodium gangeticum* DC.	0.5855	0.9167	2.9746	4.4768
77	*Dioscorea bulbifera* L.	0.8783	0.9931	1.0777	2.9491
78	*Dioscorea daemona* Roxb.	0.2195	0.6875	1.5807	2.4877
79	*Diospyros melanoxylon* Roxb.	1.171	1.5278	5.00163	7.70043
80	*Dodonaea viscosa* L.	2.659	3.835	11.378	17.872
81	*Dryopteris crenata* Christ.	0.4391	1.1459	1.437	3.022
82	*Eclipta alba* Hassk.	0.9515	1.2987	0.9771	3.2273
83	*Elaeocarpus ganitrus* Roxb.	0.508	0.132	0.658	1.298
84	*Embelia ribes* Burm.	0.01463	0.07639	0.02208	0.1131
85	*Embelia robusta* Roxb.	0.508	0.215	0.658	1.381
86	*Erythrina indica* Lamk.	0.1463	0.4583	6.1067	6.7113
87	*Eulophia campestris* Wall.	0.763	0.355	0.385	1.503
88	*Euphorbia neriifolia* L.	1.272	0.627	1.277	3.176
89	*Euphorbia thymifolia* L.	0.508	0.57	0.0774	1.155
90	*Euphorbia tirucalli* L.	0.508	0.347	0.354	1.209
91	*Ficus glomerata* Roxb.	1.017	0.136	1.5766	2.729
92	*Ficus hispida* L.	1.017	0.211	1.8864	3.114
93	*Ficus infectoria* Roxb.	0.2927	1.06951	1.7910	3.15321
94	*Flemingia chappar* Ham.	0.508	1.202	0.407	2.117
95	*Flemingia nana* Roxb.	0.763	0.612	0.124	1.499
96	*Fumaria parviflora* Lamk.	1.1710	0.7639	1.1550	3.0899
97	*Garcinia indica* L.	1.017	0.480	1.9884	3.485

98	*Gardenia lucida* Roxb.	0.0463	0.9543	0.7853	1.7841
99	*Gloriosa superba* L.	1.526	0.499	0.846	2.871
100	*Glossogyne pinnatifida* DC.	1.272	1.221	0.414	2.907
101	*Gmelina arborea* Roxb.	0.508	0.219	7.324	8.051
102	*Grevillea robusta* A.Cunn.	1.526	0.306	1.682	3.514
103	*Grewia hirsuta* Vanb.	0.07319	0.3819	0.1494	0.60449
104	*Grewia tiliaefolia* Vahl.	0.02196	0.1527	0.0501	0.22476
105	*Gymnema sylvestre* R.Br.	0.4391	0.305	0.2011	0.9452
106	*Hedychium coronarium* Koenig.	0.08783	0.3055	0.04518	0.43851
107	*Helicteres isora* L.	0.3659	0.9167	4.3145	5.5971
108	*Hemidesmus indicus* Br.	0.6587	0.9167	1.825	3.4004
109	*Holoptelea integrifolia* Planch.	2.544	0.82	1.691	5.055
110	*Holarrhena antidysenterica* Wall.	0.6587	1.375	3.9768	6.0105
111	*Hygrophila augustifolia* R.Br.	3.5132	1.1459	3.9661	8.6252
112	*Hymenodictyon excelsum* Wall.	0.1463	0.7639	0.631	1.5412
113	*Hyptis suaveolens* Poit.	1.526	4.253	1.731	7.51
114	*Ipomoea digitata* L.	1.781	0.839	0.227	2.847
115	*Ipomoea mauritiana* Lam.	0.508	0.207	0.0564	0.7714
116	*Jatropha curcas* L.	2.9277	1.3750	4.6481	8.9508
117	*Jatropha gossypifolia* L.	4.3915	1.2223	16.8266	22.4404
118	*Jussiaea suffruticosa* L.	2.29	5.772	6.804	14.866
119	*Kaempferia rotunda* L.	0.5855	0.7639	0.4144	1.7638
120	*Lannea grandis* Roxb.	0.1463	1.1459	1.9342	3.2264
121	*Lasiosiphon eriocephalus* Decne.	0.508	0.0567	0.0769	0.641
122	*Lawsonia inermis* L.	4.3915	1.5278	11.0752	16.9945
123	*Leea macrophylla* Horn.	0.508	0.0151	0.0821	0.148
124	*Lepidium sativum* L.	0.763	0.298	0.0405	1.101
125	*Leucas cephalotes* Spreng.	0.5855	1.06951	3.9646	5.61961
126	*Lippia nodiflora* Rich.	0.763	1.75	0.356	2.869
127	*Litsea glutinosa* Lour.	1.017	0.321	3.156	4.494
128	*Luffa aegyptiaca* Mill.	0.2195	0.6111	0.546	1.3766
129	*Manihot glaziovii* Mull.	0.508	0.102	0.197	0.3499
130	*Martynia diandra* Glox.	0.2927	0.4583	1.3419	2.0929
131	*Melia azedarach* L.	1.272	0.362	0.3565	1.99
132	*Mimosa pudica* L.	1.4638	0.6111	0.3448	2.4197
133	*Mimusops hexandra* Roxb.	1.272	1.153	0.313	2.738

134	*Mucuna prurita* Hook.	0.4391	0.6875	0.1426	1.2692
135	*Murraya koenigii* Spreng.	1.017	0.465	1.577	3.059
136	*Nyctanthes arbor-tristis* L.	0.3659	0.7639	3.968	5.0978
137	*Ocimum basilicum* L.	1.903	1.4514	4.9289	8.2833
138	*Odina wodier* Roxb.	0.768	0.268	0.1823	1.218
139	*Operculina turpethum* L.	0.76	0.136	0.12	1.016
140	*Oroxylum indicum* Vent.	0.783	0.185	1.16	2.128
141	*Ougeinia dalbergioides* Benth.	0.1463	1.1459	1.8006	3.0928
142	*Oxalis corniculata* L.	1.7566	1.06951	0.8909	3.71701
143	*Oxystelma esculentum* Br.	1.526	1.977	0.67	4.173
144	*Paederia foetida* L.	1.781	0.82	1.113	3.714
145	*Pandanus odoratissimus* Roxb.	0.763	0.914	2.793	4.47
146	*Passiflora incarnata* L.	1.272	0.347	0.06425	1.6832
147	*Pedalium murex* L.	0.763	0.688	2.101	3.552
148	*Pergularia extensa* N.E.Br.	0.5123	1.1459	2.5147	4.1729
149	*Phyllanthus niruri* L.	2.3421	1.4514	2.2417	6.0352
150	*Picrorhiza kurroa* Benth.	1.017	1.1	1.118	3.235
151	*Piper longum* L.	1.0246	0.7639	1.4183	3.2068
152	*Pluchea lanceolata* Oliver & Hiern.	0.4391	0.9167	1.1063	3.4621
153	*Plumbago zeylanica* L.	0.8783	0.5347	2.1842	3.5972
154	*Pongamia pinnata* Pierre.	1.517	0.578	1.653	3.748
155	*Premna integrifolia* L.	1.037	0.264	1.69	2.991
156	*Prosopis spicigera* L.	0.272	0.0134	0.693	0.9784
157	*Psoralea corylifolia* DC.	1.7566	1.1459	0.9784	3.8809
158	*Pterocarpus marsupium* Roxb.	1.121	0.657	0.524	2.302
159	*Pterospermum acerifolium* Willd.	0.1463	0.9931	3.4626	4.602
160	*Pueraria tuberosa* DC.	1.526	0.268	0.728	2.522
161	*Quisqualis indica* L.	0.2195	0.6875	1.1783	2.0853
162	*Randia dumetorum* Lamk.	0.3659	1.5278	2.3611	4.2548
163	*Rauwolfia serpentina* Benth.	0.1464	0.0628	0.0273	0.2365
164	*Rauwolfia tetraphylla* L.	0.763	0.207	0.352	1.322
165	*Salmalia malabaricum* DC.	0.8783	0.6875	1.8452	3.411
166	*Schleichera trijuga* Willd.	0.648	2.162	0.801	3.611
167	*Semecarpus anacardium* L.	0.07319	0.6111	0.3646	1.04889
168	*Shorea robusta* Gaertn.	3.5994	4.875	14.7765	23.2509
169	*Sida spinosa* L.	0.7319	0.7639	3.08956	4.58536
170	*Smilax zeylanica* L.	0.2927	0.6111	1.6094	2.5132
171	*Solanum indicum* L.	1.526	0.956	3.568	6.05
172	*Sphaeranthus indicus* L.	2.3421	1.375	2.371	6.0881
173	*Spilanthes acmella* L.	0.1463	0.4583	3.2763	3.8809
174	*Sterculia urens* Roxb.	0.2927	0.9931	2.3215	3.6073
175	*Stevia rebaudiana* Bertoni.	1.017	0.729	0.99	1.845
176	*Symplocos racemosa* Roxb.	0.2195	0.9167	0.713	1.8492
177	*Tecomella undulata* Seem.	0.007319	0.07639	0.5858	0.6695
178	*Tectona grandis* L.	1.526	0.612	2.375	4.513
179	*Terminalia arjuna* W.&A.	0.1463	0.9931	1.2902	2.4296

180	*Terminalia belerica* Roxb.	0.763	0.257	2.145	3.165
181	*Terminalia chebula* Retz.	0.369	0.238	0.6451	1.2521
182	*Terminalia tomentosa* W.&A.	0.2195	1.06951	4.29	5.57901
183	*Thalictrum foliolosum* DC.	1.017	1.168	0.95	3.135
184	*Thysanolaena agrostis* Nees.	1.4638	1.2223	8.697	11.3831
185	*Tinospora cordifolia* Miers.	0.763	0.574	0.857	2.194
186	*Tribulus terrestris* L.	1.171	0.9931	7.2712	9.4353
187	*Triumfetta rhomboidea* Jacq.	2.394	1.963	3.692	8.049
188	*Uraria picta* Desv.	1.272	0.786	0.213	2.271
189	*Urginea indica* Kunth.	0.763	1.24	0.252	2.255
190	*Vanda roxburghii* Br.	5.8554	1.5278	6.3372	13.7204
191	*Vernonia anthelminticum* Willd.	1.7566	1.5278	7.1419	10.4263
192	*Vernonia cinerea* Lees.	1.903	1.5278	5.8917	9.3225
193	*Vicia sativa* L.	1.903	1.5278	3.262	6.6928
194	*Vicoa auriculata* Cass.	1.8298	1.4514	3.0464	6.3276
195	*Vitex negundo* L.	1.0246	1.4514	2.2647	4.7407
196	*Wedelia calendulacea* Less.	2.0493	1.2223	2.50039	5.77199
197	*Withania somnifera* Dun.	1.017	0.4	0.217	1.634
198	*Woodfordia fruticosa* Kurz.	4.272	2.398	21.982	28.652
199	*Xanthium strumarium* L.	1.651	1.008	2.153	4.812
200	*Zizyphus xylopyra* Willd.	0.763	0.143	1.406	2.312

Um IVI elevado de uma espécie indica a sua dominância e sucesso ecológico e um bom poder de regeneração e maior amplitude ecológica.

As espécies que apresentaram IVI muito baixo foram *Leea macrophylla* (0,148), *Lasiosiphon eriocephalus* (0,641), *Curculigo orchioides* (0,1052), *Embelia ribes* (0,1131), *Cordia macleodii* (0,1586), *Grewia tiliaefolia* (0,2247), *Rauwolfia serpentina* (0,2365), *Celastrus paniculata* (0.2363), *Manihot glaziovii* (0,3499), *Abelmoschus moschatus* (0,3932) e *Hedychium coronarium* (0,4385), *Grewia hirsuta* (0,6044), *Tecomella undulata* (0.6695), *Chlorophytum tuberosum* (0,6992), *Gymnema sylvestre* (0,9452), *Acacia concinna* (0,9719) e *Prosopis spicigera* (0,9784).

Valores muito baixos de IVI das plantas acima referidas denotam claramente a sua raridade e fraco poder de regeneração e um grau muito baixo de amplitude ecológica. Estas plantas requerem medidas de conservação eficazes para o seu sucesso ecológico no ecossistema florestal natural de Koria.

Figura 4.1 : Fitografia da planta medicinal dominante do distrito de Koria. (Valor médio de todos os locais de estudo)

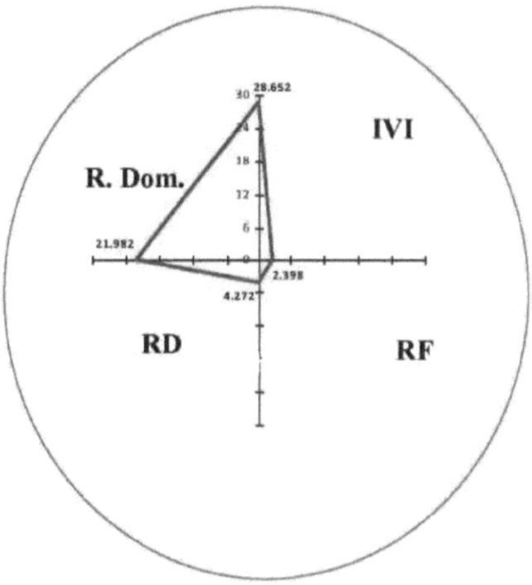

Woodfordia fruticosa

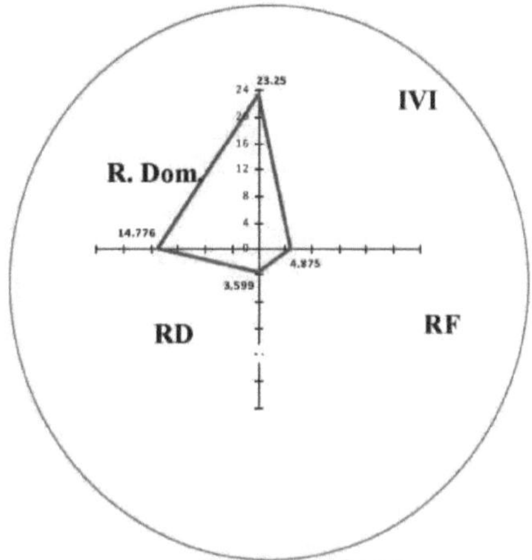

Shorea robusta

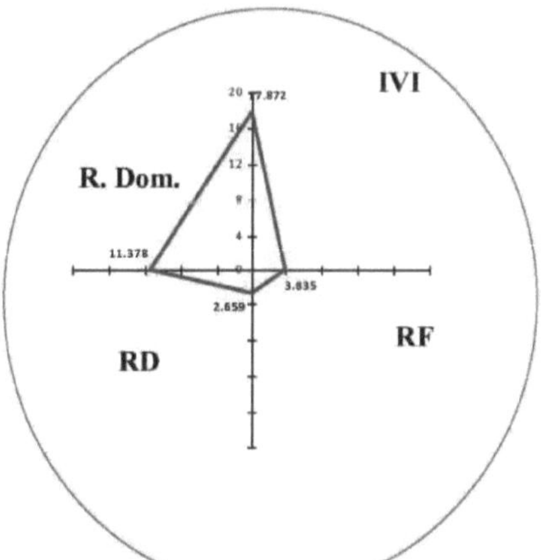

Dodonaea viscosa

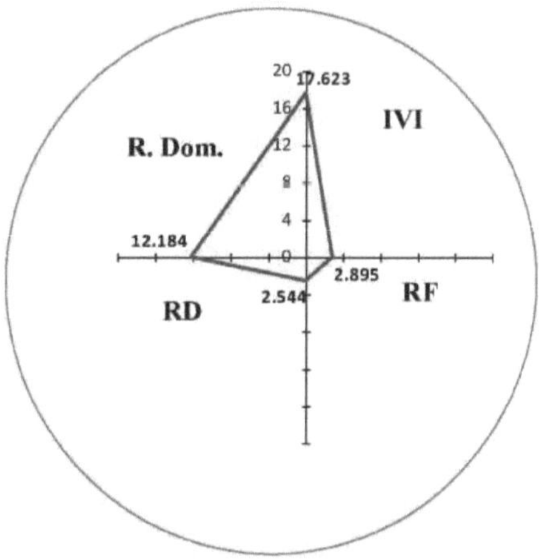

Albizzia odoratissima

MAPA DE CHHATTISGARH

Fig. - Distrito de Koria em Chhattisgarh

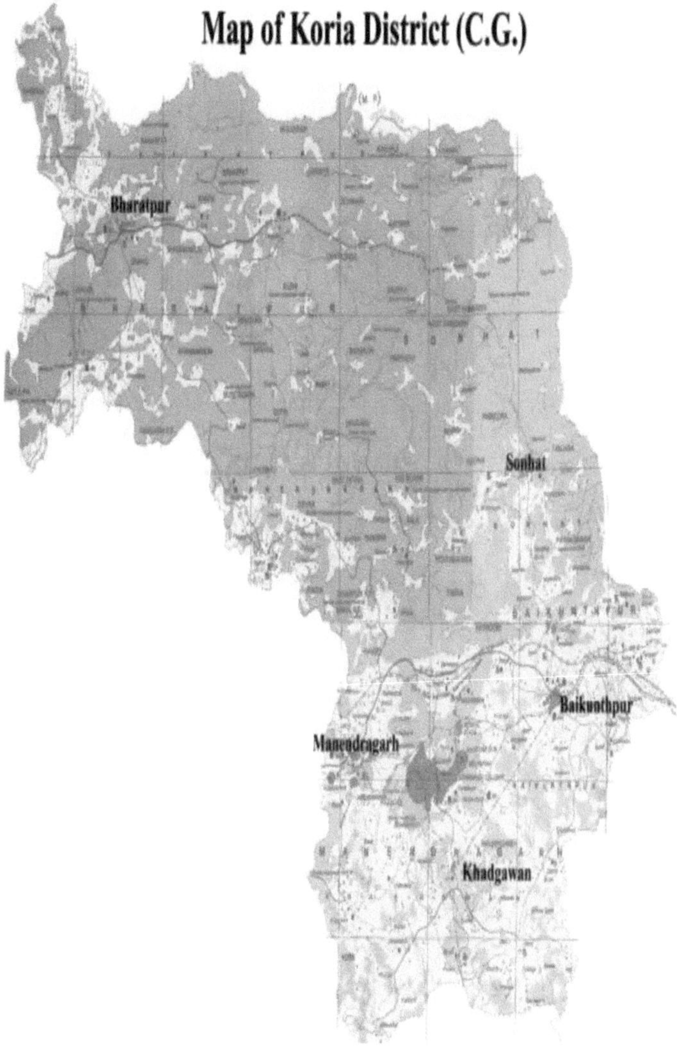

Figura :-4.2 Mapa do distrito de Koria destacando 5 blocos de desenvolvimento.

Adhikari *et al.* (2003) analisaram a composição, a distribuição e o padrão de utilização das árvores medicinais do Estado do Uttaranchal em diferentes eco-regiões. Concluíram que 86%, 32%, 11%, 5% e 2% das espécies estão presentes em diferentes regiões. Destas, 128 espécies são exclusivamente subtropicais. Thakur *et al.* (2008, 2009) referiram *a Tectona grandis* como espécie arbórea dominante na vegetação florestal do distrito de Sagar com base no I.V.I. O registo de mais análises fitossociológicas sobre a vegetação de diferentes regiões foi também referido por vários trabalhadores como Nath *et al.* (2000), Pandey *et al.* (2002), Awasthi *et al.* (2007) e Thakur *et al.* (2009). Em todos estes estudos, foi dada ênfase à vegetação como um todo. No presente estudo, a análise foi efectuada com especial ênfase nas plantas medicinais.

O índice de diversidade de Shannon-Wiener (^{H}) variou entre 2,963 (Bharatpur) e 4,378 (Manendragarh). Foi muito mais elevado nos quatro blocos, ou seja, Sonhat (3,285), Khadgawan (3,459), Baikunthpur (3,977) e Manendragarh (4,378). Contudo, o valor médio do índice de diversidade geral (^{H}) foi de 3,612 para o distrito de Koria no seu conjunto. (Quadro 4.viii)

Tabela 4.viii - Índice de Diversidade de Shanon - Weiner Diferentes Blocos

S.No.	Blocks	Shanon Weiner Index($\overline{H}$)
1	Baikunthpur	3.977
2	Sonhat	3.285
3	Manendragarh	4.378
4	Khadgawan	3.459
5	Bharatpur	2.963
Mean Value of(for Koria District)		3.612

Kushwah e Kumar (2002) observaram valores máximos de diversidade (2,505, 2,511) no Parque Nacional de Madhav (2,198, 2,254 e valores mínimos 1,717, 1,763) no Santuário de Vida Selvagem de Pachmarhi, na Índia Central. Pascal (1988) referiu que este valor variava entre 2,1 e 4,3 em diferentes ecossistemas florestais nos Ghats Ocidentais. Parthsarthy e Sethi (1997), Arunachalam (2002) e Watve *et al.* (2003), Tripathi *et al.* (2004 e 2006) referiram que a diversidade de espécies (^{H}) variava entre 2,26 e 3,58 nas florestas tropicais de Andman. Pandey e Shukla (1999) e Panchal e Pandey (2004) observaram valores mais baixos e mais altos de 2,034 e 3,53, respetivamente, nas florestas tropicais de Gujarat e nas florestas de Sal no Norte da Índia. Foi registada uma diversidade máxima de espécies (= 4,8) nas florestas tropicais húmidas sempre verdes de Silent Valley, na Índia (Singh *et al.*, 1984), enquanto o valor mais baixo (1,9) foi encontrado nas florestas tropicais secas (Singh e Singh, 1991). Tripathi (2001) registou uma diversidade de 3,25 a 3,99 numa floresta tropical reabilitada no Norte da Índia.

Recentemente, Khare *et al.* (2008, 2009) registaram um índice de diversidade (^{H}) entre 2,22 e 3,66 na vegetação florestal do distrito de Sagar, em Madhya Pradesh. Bijalwan *et al.* (2009) registaram valores do índice de Shannon que variam entre 2,14 e 2,86 no sub-bosque e entre 2,01 e 2,88 nas plantas lenhosas perenes do sub-bosque numa floresta mista de Chhattisgarh. Um intervalo comparativamente elevado do índice de Shannon, no presente estudo, pode ser atribuído à maior diversidade entre as espécies de plantas medicinais em geral. No entanto, é inferior aos dados registados por Knight (1975), que registou um índice de diversidade muito mais elevado, variando entre 5,06 e 5,40 para florestas tropicais. É evidente que, em geral, a diversidade de espécies é muito mais elevada do que os resultados anteriormente comunicados, com exceção de Knight (1975).

CAPÍTULO V

CONCLUSÕES GERAIS

O Estado herbáceo de Chhattisgarh, situado na zona biogeográfica de Deccan, alberga uma diversidade biológica rica e única. As florestas do Estado são abrangidas por dois tipos de florestas: Floresta tropical húmida decídua e floresta tropical seca decídua. O sal *(Shorea robusta)* e a teca *(Tectona grandis)* são as duas principais espécies de árvores do Estado.

Para além disso, o estado é também rico em diversidade de plantas medicinais. Para além da diversidade de espécies, o Estado é também dotado de uma rica diversidade genética entre as espécies florísticas.

De acordo com um relatório sobre plantas medicinais de Chhattisgarh elaborado pelo CG State Medicinal Plant Board (1997), o número de plantas medicinais é de 1525. Estas pertencem a 911 géneros e 196 famílias. Sítio Web do Conselho Estatal de Plantas Medicinais de Chhattisgarh -*www.cgvanoushadhi.gov.in*

O distrito de Koria, em Chhatisgarh, tem uma flora muito rica e diversificada, especialmente de plantas medicinais.

O presente estudo foi efectuado entre 2004 e 2008 para documentar esta diversidade e avaliar o estado de ameaça para as espécies de plantas medicinais encontradas apenas no estado selvagem. As plantas cultivadas não foram consideradas.

Do estudo efectuado podem ser retiradas as seguintes conclusões:

O estudo incluiu um inquérito exaustivo e alargado em cinco blocos de desenvolvimento, nomeadamente Baikunthpur, Sonhat, Manendragarh, Khadgawan e Bharatpur. Além disso, estes blocos foram amostrados selecionando 20 locais de estudo selecionados aleatoriamente. Assim, a área total objeto de amostragem abrange uma área de 20 a 200 km.

Geologicamente, a área de estudo insere-se no Deccan Trap, no Gondwana Superior e no Gondwana Inferior, misturado com o Arqueano. A temperatura média anual varia entre 11^0 c e 41^0 c. A precipitação anual varia entre 1020 mm e 1428 mm por ano com uma percentagem de humidade relativa de 60 a 66.

Os resultados indicam que, do ponto de vista florístico, existem 284 géneros e 364 espécies distribuídas por 93 famílias de plantas com sementes. A análise revela que 31% dos géneros e 47% das famílias de plantas medicinais presentes em Chhattisgarh pertencem apenas ao distrito de Koria. As famílias de dicotiledóneas incluíam 235 géneros e 304 espécies, enquanto 49 géneros e 60 espécies representavam monocotiledóneas. O rácio D:M para os géneros foi de 4,79 e para as espécies foi de 5,06. O coeficiente genérico foi de 78,021. Pode inferir-se deste valor elevado que existe uma melhor competição intergenérica na área de estudo. As dez famílias mais dominantes foram Poaceae, Fabaceae, Rubiaceae, Asteraceae, Acanthaceae, Apocynaceae, Verbenaceae, Asclepiadaceae, Caesalpiniaceae e Combretaceae. A análise fitossociológica revelou que o bloco de Baikunthpur tem o número máximo de plantas medicinais em comparação com os outros 4 blocos. O número era de 140 em Baikunthpur, 126 em Manendra-garh, 99 em Sonhat, 94 em Khadgawan e 80 em Bharatpur. Assim, os sítios de estudo podem ser organizados por ordem decrescente em termos de número de espécies, ou seja, Baikunthpur > Manendra-garh > Sonhat > Khadgawan > Bharatpur

As plantas que apresentaram um Índice de Valor de Importância elevado foram a *Woodfordia fruticosa* (28,65), a *Shorea robusta* (23,25), *a Dodonaea viscosa, a Albizzia odoratissima* e *a Lawsonia inermis*, que se seguiram, com um IVI de 17,87 e 16,99, respetivamente. O IVI elevado de uma espécie indica a sua dominância e sucesso ecológico, um bom poder de regeneração e uma maior amplitude ecológica. As espécies que apresentaram valores muito baixos de IVI foram *Leea macrophylla* (0,148), *Lasiosiphon eriocephalus* (0,641), *Curculigo orchioides* (0,1052), *Embelia ribes* (0,1131), *Cordia macleodii* (0,1586), *Grewia tiliaefolia* (0,2247), *Rauwolfia serpentina* (0,2365), *Celastrus paniculata* (0.2363), *Manihot glaziovii* (0,3499), *Abelmoschus moschatus* (0,3932 e *Hedychium coronarium* (0,4385), *Grewia hirsuta* (0,6044), *Tecomella undulata* (0.6695), *Chlorophytum tuberosum* (0,6992), *Gymnema sylvestre* (0,9452), *Acacia concinna* (0,9719) e *Prosopis spicigera* (0,9784). Isto indica claramente a sua raridade na zona. As razões podem ser o seu fraco poder de regeneração e um baixo grau de amplitude ecológica. Há uma grande necessidade de conservar esta riqueza verde muito preciosa do distrito.

O índice de diversidade de Shannon-Wiener variou de 2,963 (Bharatpur) a 4,378 (Manendragarh). Foi de 3,285 em Sonhat, 3,459 em Khadgawan, 3,977 em Baikunthpur e 4,378 em Manendragarh. É evidente que o bloco de Manendragarh apresentou uma grande diversidade de espécies vegetais. Este facto pode ser atribuído à topografia variada de Manendragarh, com caminhos montanhosos e ghats muito ondulados. A espécie de planta medicinal em perigo de extinção *Rauwolfia serpentina* também foi encontrada nesta zona específica, embora com uma densidade populacional muito reduzida.

No entanto, a média do índice de diversidade geral (H) foi de 3,612 para o distrito de Koria.

As razões para o declínio da sua população são Tp (comércio de partes de plantas medicinais), Hm (colheita para medicina), sobre-exploração de partes de plantas medicamente importantes e perda de habitat.

As espécies que se estão a tornar raras necessitam de atenção urgente para esforços de conservação eficazes.

Finalmente, o trabalho recomenda o desenvolvimento de uma estratégia eficaz para a conservação destas espécies de plantas medicinais ameaçadas. A gestão do habitat, a monitorização, o controlo da colheita destrutiva, o salvamento das populações viáveis restantes e a sensibilização das populações rurais e dos habitantes da floresta parecem ser as medidas mais eficazes que podem ser seriamente impostas para que as espécies possam ser salvas da extinção prematura.

Esta riqueza verde do distrito é como o ouro verde da nação. Quem sabe se isto pode elevar o estatuto socioeconómico do Estado!

BIBLIOGRAFIA

Adhikari, B.S., M.M. Babu, P.L. Saklani e G.S. Rawat (2003). Medicinal trees of Uttaranchal State: Distribution, use pattern and prospects for conservation, Indian Forester, **129**(2): 243-267.

Arunachalam, A. (2002). Diversidade de espécies em dois tipos diferentes de florestas de Western Ghats. *Índia Ann. For.* 10(2) : 204-213,

Arvind, N.A., J. Manjunath, Dinesh Rao, K.N. Ganeshaiah, Uma R. Shanker e G. Vanaraj (2005). Are red-listed species threatened? A comparative analysis of red-listed and non-red-listed plant species in the Western Ghats, India, *Curr. Sci.,* **88**(2): 258-265.

Ashton, Peter (2007). Os trópicos da Ásia são os mais intensamente utilizados: estratégias de conservação contrastantes entre o sul e o leste. *Curr. Sci.,* **93**(11): 1538-1543.

Awasthi, K. Ajay, Ashish Dwivedi, K.K. Tripathi e Pushpendra Singh (2007). Assessing floral diversity of Bandhavgarh National Park: A phytosociological approach. *Jou. of Trop. Forestry,* **23**(I & II): 6376.

Badola, K. Hemant e Mohinder Pal (2003). Threatened Medicinal plants and their conservation in Himachal Himalayas. *Indian Forester,* **129**(1): 55-68.

Banerjee, K.L. e P. Lal (1985), "Vegetation of little known district Seoni in Madhya Pradesh", *Indian J.* For. **8**:292-297.

Bhau, B.S., M.S. Negi, S.K. Jindal, M. Singh e M. Lakshmikumaran (2007). Assessing genetic diversity of Tecomella undulata (Sm.) - An endangered tree species using amplified fragment length polymorphisms - based molecular markers. *Curr. Sci.* **93**(1): 67-72.

Bhakat, R.K., P.K.Pandit e P.P. Maity (2007) Conservation of local ethno- medicinal trees of Midnapore district, West Bengal, through A Sacred Grove. *Indian Forester,* 133(9): 1167-1172

Bhat D.M., B.M. Naik, G.S. Patagar, G.T. Hegde, Y.G. Kanade, G.N. Hegde, C.M. Shastri, D.M. Shetti e R.M. Furtado (2000). Dinâmica florestal em florestas tropicais do distrito de Uttara Kannada em Western Ghat, Índia. *Curr. Sci.* **79**(7): 975-985.

Bhattacharya, A.K. e Regina Hansda (2003). Conservação ex-situ de plantas medicinais e aromáticas na Índia, com especial referência a Madhya Pradesh. *Indian Forester* **129**(1): 93-101.

Bijalwan, Arvind; S.L. Swamy, C.M. Sharma, V.K. Sah e R.K. Singh (2009). Análise fitossociológica de plantas perenes lenhosas de sub-bosque e de sobre-bosque, juntamente com aspectos na bacia hidrográfica de Balmdi da floresta tropical seca mista na planície de Chhattisgarh. *Indian J. Trop. Biodiversity* **17**(1): 47-57.

Bisht, D.S. e Y.P.S. Pundir (2008). Wild medicinal plants of Jaunsar-Bawar (Western Himalayas) Uttarakhand - II, *Indian Forester*, **134**(5).

Biswas Sas, S.S. Jain e Mohinder Pal (2003). Research needs and priorities for conservation of Indian medicinal flora. *Indian Forester*, **129**(1): 85-92.

Brahmi P, R.P. Dua e B.S. Dhillon (2004). The Biological Diversity Act of India and Agro-biodiversity Management (Lei da Diversidade Biológica da Índia e Gestão da Agro-biodiversidade). *Curr. Sci.* **86**(5): 659-664.

Chetic, Smita e P.J. Handique (2000). Multiplicação in vitro de alta frequência de rebentos de *Plumbago indica:* uma planta medicinal rara. *Curr. Sci.* **78**(10): 1187-1188.

Chauhan, N.S. (2003). Important medicinal and aromatic plants of Himachal Pradesh. *Indian Forester,* **129**(8): 979-998.

Chandola, S. e S.K. Singh (2003). Status and scope of medicinal plants in Bhagirathi valley of Garhwal, Uttaranchal - Conservation strategy. *Indian Forester,* **129**(8): 950-963.

Chhetri, D.R. (2007). Cenário das plantas medicinais nos Himalaias de Darjeeling: Conservation and cultivation as alternative crop. *Indian Foreter,* **133**(5): 665-678.

Choubey, O.P. e P.K. Shukla (2006). Phytodiversity vis-a-vis biotic pressure in Achanakmar wild life sanctuary. *Jour. of Trop. Forestry, 22* (I&II): 59-69.

Corlett, T. Richard (2007). O que há de tão especial nas florestas tropicais asiáticas? *Curr. Sci.* **93**(11): 1551-1557.

Curtis, J.T. e R.P. McIntosh (1951). Um continuum de floresta de terras altas na região fronteiriça da floresta de pradaria do Wisconsin. *Ecology* 32 : 476-496.

Das, A.P. (1995). "Diversity of Angiosperm flora of Darjeeling Hills" In A.K. Pandey (Ed.) *Taxonomy & Biodiversity,* CBS Publication, Delhi. pp. 118-127

Das, Nilanjana e R.N. Chattopadhyay (2003). Inventory of forest-based medicinal plants: A case study in south-west Bengal. *Indian Forester.* **129**(1): 69-79.

Davidar, Priya; M. Arjunan, C. Pratheesh Mammen, J.P. Garrigues, J.P. Puyravaud e Krista Roessingh (2007). Forest degradation in the Western Ghats biodiversity hot spot: Recolha de recursos, preocupações com os meios de subsistência e sustentabilidade. 2007. *Curr. Sci.* **93**(11): 1573-1578.

De, Aparajita (2007). Patterns of plant species diversity in the forest corridor of Rajaji Corbett National Parks, Uttaranchal, India (Padrões de diversidade de espécies vegetais no corredor florestal dos Parques Nacionais Rajaji Corbett, Uttaranchal, Índia). *Curr. Sci.* **92**(1): 90-93.

Denslow, S. Julie (2007). Gerenciando o domínio de plantas invasoras em terras selvagens. *Curr. Sci.,* **93**(11): 1579-1586.

Dey, A.N., S. Datta e S. Maitra (2007). Traditional knowledge on medicinal plants for remedy of common ailments in northern part of West Bengal (Conhecimentos tradicionais sobre plantas medicinais para tratamento de doenças comuns na parte norte de Bengala Ocidental). *Indian Forester* **133**(11): 1535-1544.

Dubey, P.C., S.N. Mishra, Arjun Tiwari (2007). Perda de biodiversidade com referência a plantas medicinais importantes na região de Vindhya e sua avaliação de ameaças. *Jou. of Trop. Forestry,* **23**(I&II): 105-127.

Ganeshaiah, K.N.; Sagar Kathuria & R. Uma Shankar (2002). Recursos florais de Karnataka: uma perspetiva geográfica. *Current Science,* **83(7)** : 810-813.

Ghate, Utkarsh; N.V. Joshi e Madhav Gadgil (1998): Sobre os padrões de diversidade de árvores nos Ghats ocidentais da Índia. *Curr. Sci.* **75**(6): 594-603.

Goosem, Miriam (2007). Impactos da fragmentação causada por estradas em florestas tropicais. *Curr. Sci.* **93**(11): 1587-1595.

Gunawardene, Nihara R.; A.E. Dulip Daniels, I.A.U.N. Gunatilleke, C.V.S. Gunatilleke, P.V. Karunakaran, Geetha K. Nayak, S. Prasad, P. Puyravaud, B.R. Ramesh, K.A. Subramanian e G. Vasanthy (2007). A bried overview of the Western Ghats - Sri Lanka biodiversity hot spot. *Curr. Sci.* **93**(11): 1567-1572.

Ilyas, Orus e Jamal A. Khan (2006). Biodiversity conservation and management in Kumaon Himalayas: Assessment of socio-economic status and threat perception. *Indian Forester.* **132**(10): 1315-1328.

Inamati, S.S.; K.V. Devar e A. Krishna (2007). Floristic composition along altitudinal gradation in Devimane, Western Ghats, Karnataka. *Indian Forester* **133**(5): 679-689.

Islam-ul-Ajaz, Mohammad e N.A. Masoodi (2007). Ethno-pharmacology of tribals of Ranchi district in Jharkhand (Etnofarmacologia das tribos do distrito de Ranchi em Jharkhand). *Indian Forester,* **133**(7): 915926.

Jacord, P. (1912). A distribuição da flora na zona alpina. *New Phytol.* **11**, 37-50.

Jaipuriar, M.K. (2003). Threatened herbal heritage of tribal land Jharkhand. *Indian Forester,* **129**(1): 48-54.

Jamir, Alemmeren S. e H.N. Pandey (2002). Status of biodiversity The Sacred Groves of Jaintia Hills, Meghalaya. *Indian Forester.* **128**(7): 738-744.

Joshi, P.K.; Sarnam Singh, Shefali Agarwal e P.S. Roy (2001). Forest cover assessment in Western Himalayas, Himachal Pradesh using IRS 1C/1D wifs data. *Curr. Sci.* **80**(8): 941-947.

Kamboj, V.P. (2000). Medicina herbal. *Curr. Sci.* **78**(1): 35-38.

Kala, Prakash Chandra (2003). Exploração comercial e estado de conservação de plantas medicinais de elevado valor na fronteira entre a Índia e o Nepal em Pithoragarh. *Indian Forester.* **129**(1): 80-84.

Kanade, R., M. Tadwalkar, C. Kushalappa e A. Patwardhan (2008). Composição da vegetação e diversidade de espécies lenhosas no Parque Nacional de Chandoli, no norte dos Ghats Ocidentais, Índia. *Curr. Sci.* **95**(5): 637646.

Kharkwal, Geeta, Poonam Mehrotra, Y.S. Rawat e Y.P.S. Pangtey (2005). Phyto-diversity and growth form in relation to altitudinal gradient in the Central Himalayan (Kumaun) region of India. *Curr. Sci.* **89**(5): 873-878.

Khanduri, V.P., C.M. Sharma, S.K. Ghildiyal e R.S. Puspwan (2002). Forest composition in relation to socio-economic status of people at three high altitudinal villages of a part of Garhwal Himalayas. *Indian Forester.* **128**(12): 1335-1345.

Kharakwal, Geeta; Poonam Mehrotra e Yashpal Singh Pangtey (2005). Estudos comparativos sobre a riqueza de espécies, diversidade e composição de florestas de carvalhos no distrito de Nainital, Uttaranchal. *Curr. Sci.* **89**(4): 668672.

Khan, M.L.; Putul Bhuyan, R.S. Tripathi (2004). Estado de conservação de Rudraksh em florestas tropicais húmidas e sempre-verdes de Arunachal Pradesh. *Curr. Sc.* **86**(5): 646-650.

Knight, D.H. (1975). Uma análise fitossociológica de uma floresta tropical rica em espécies na Ilha Barro Colorado, Panamá. *Ecological Monographs,* 45 : 259-289.

Kobayashi, Shigeo (2007). Uma visão geral das técnicas para a reabilitação de florestas tropicais degradadas e conservação da biodiversidade. *Curr. Sci.* **93**(11): 1596-1603.

Kumar, Ashish; Bruce G. Marcot e Ajai Saxena (2006). Diversidade de espécies de árvores e padrões de distribuição em florestas tropicais de Garo Hills. *Curr. Sci.* **91**(10): 1370-1381.

Kumar, Anil; Shyamal K. Nandi, Bhuwan Chandra e Mohinder Pal (2004). Conservation of some Himalayan medicinal plants using biotechnological approaches (Conservação de algumas plantas medicinais dos Himalaias utilizando abordagens biotecnológicas). *Indian Forester* **130**(2): 187-199.

Kushwah, R.B.S. & V. Kumar (2002). Status of flora in protected area: the case studies of eight PAs Madhya Pradesh (India). *Indian Forester,* 128(3) : 271-288.

Laurance F. William (2007). Destruição de florestas na Ásia tropical. *Curr. Sci.* **93**(11):

1544-1550.

Laloo, R.C.; L. Kharlukhi, S. Jeeva e B.P. Mishra (2006). Status of medicinal plants in the disturbed and the undisturbed sacred forests of Meghalaya, north-east India: Population structure and regeneration efficacy of some important species. *Curr. Sci.* **90**(2): 225-232.

Mathachen, Georgi P.; R. Vasudeva, H.C. Hombe Gowda, K.N. Ganeshaiah e R. Uma Shankar (2004). Ecological amplitude and regneration of medicinally important threatened trees in the central Western Ghats. *Indian Forester* **130**(11): 1330-1338.

Mandai, A.B.; D. Chattopadhyay e Tarun Coomar (2000). Rare and endangered flowering plants of Bay islands with special reference to endemics and extra-Indian taxa. *Indian Forester* **126**(4): 389-396.

Maikhuri, R.K.; S. Nautiyal, K.S. Rao e K.G. Saxena (1998). Role of medicinal plants in the traditional health care system: Um estudo de caso da Reserva da Biosfera de Nanda Devi. *Curr. Sci.* **75**(2): 152-157.

Maliya, S.D. (2007). Espécies raras do Santuário de Vida Selvagem de Katarniyaghat, distrito de Bahraich, Uttar Pradesh, Índia. *Indian Forester* **133**(8): 1052-1056.

Mishra, Dinesh; Rajesh, Moyna Chakravarty e M.P. Goutam (2006). Traditional medicinal practices among the various tribal groups of Kanker district of Bastar division. *Indian Forester* **132**(7): 850-855.

Mishra, Manish e S. Teki (2007). Práticas actuais de colheita de folhas de Siali *(Bauhinia vahlii)* e seu impacto na densidade e regeneração das plantas na floresta natural de três distritos do estado de Orissa. *Jou. of Trop. Forestry* **23**(I&II): 77.

Mishra, R. (1968). *Ecology Workbook.* Oxford e IBH Publication Co., Nova Deli. p. 244.

Mohammed, S.; K. Basha & N. Parveen (2008). "Floristic diversity of Ahobilam forest", *Current Sci.* **95**(7) : 819-820.

Mukherji, A.K. (2006). Conservação e gestão da biodiversidade nas florestas indianas - nova abordagem de eco-desenvolvimento. *Indian Forester* **132**(8): 921-930.

Nath, P.C.; K. Barbhuiya, K. Arunachalam, A. Arunachalam e M.L. Khan (2005). A biodiversity perspective on the NTFP potential of Joypur reserve forest, Assam. *Jour. of Trop. Forestry* **21**(I&II): 01-10.

Nath, T.K.; M.K. Hossain e M.K. Alam (2000). Avaliação da diversidade de espécies de árvores da reserva florestal de Sita Pahar, divisão florestal de Chittagong hill tracts (sul), Bangladesh. *Indian Forester* **126**(1): 16-20.

Negi, Chandra S. e Sunil Nautiyal (2005). Phytosociological studies of a traditional reserve forest - Thal ke Dhar, Pithoragarh, Central Himalayas (India). *Indian Forester* **131**(4): 519-534.

Neelakandan, V.N.; C.N. Mohanan e B. Sukumar (2006). Desenvolvimento de um sistema de informação biogeográfica para a conservação e monitorização da biodiversidade. *Curr. Sc.* **90**(3): 444-450.

Panchal, N.S. & A.N. Pandey (2004). Análise da vegetação da floresta de Rampara na região de Saurastra do estado de Gujrat, na Índia. *Tropical Ecology,* 45(2) : 223-231.

Pandey, A.K. e P.K. Shukla (2006). Conservação e utilização sustentável de plantas medicinais através da participação das pessoas e da partilha de benefícios. *Jour. of Trop. Forestry* **22**(I&II): 02-07.

Pandey, P.K.; J.D.S. Negi e S.C. Sharma (2002). Diversidade de espécies vegetais, composição, análise de gradientes e comportamento de regeneração de algumas espécies de árvores num ecossistema florestal temperado húmido dos Himalaias ocidentais. *Indian Forester* **128**(8): 869-886.

Pandey, R.K.; A.K. Kandya e P.C. Kotwal (1985). "Estudos ecológicos da parte nacional da vida selvagem de Kanha, Índia. I. História, distribuição e estrutura dos prados". *J. Trop. For.* 1:198-216.

Pandey, S.K. e R.P. Shukla (1999). Plant diversity and community patterns along the disturbance gradient in plantation forests of Sal *(Shorea robusta* Gaertn.) *Curr. Sci.* **77**(6): 814-818.

Parthasarathy, N. e P. Sethi (1997). Diversidade de espécies de árvores e lianas e estrutura populacional numa floresta tropical seca e sempre-verde no sul da Índia. *Trop. Ecol.* **38(1)**: 19-30.

Pascal, J.P. (1988). Floresta perene ocidental dos Ghats ocidentais da Índia: Ecologia, estrutura, composição florística e sucessão. Instituto Francês de Pondichery, traw. *De la Sci. et tech. Tome* XX bis. 345.

Patil, S.H. (2007). Conservation of medicinal plants through people's participation - A case study of Toranmal, Maharashtra. *Indian Forester* **133**(3): 301-305.

Paul, Ashish; M.L. Khan, A. Arunachalam e K. Arunachalam (2005). Biodiversity and conservation of rhododendrons in Arunachal Pradesh in the Indo-Burma biodiversity hot spot. *Curr. Sci.* **89**(4): 623-634.

Pokhariyal, P.; V. Naiathani, S. Dasgupta e N.P. Todaria (2009). "Comparative studes on species richness, diversity and composition of Anogeissus latifolius mixed forest in Phakot and Pathari Rao watersheds of Garhwal Himalaya", *Curr. Sci.* **97(9)** : 1349-1355

Prashanth Kumar, M.G.; J. Skornickova, M. Sabu e S. Jayasree (2005). Prioridade de conservação e significado fitogeográfico de *Rhynchanthus longiflorus* Hook.f. (Zingiberaceae): Uma espécie rara e ameaçada de extinção das colinas de Mizo, NE da Índia. *Curr. Sc.* **88**(6): 977980.

Pushpangadan, P. e K. Narayanan Nair (2001). Future of systematics and biodiversity research in India: Necessidade de um Consórcio Nacional e de uma Agenda Nacional para a investigação em biologia sistemática. *Curr. Sci.* **80**(5): 631-638.

Ravindranath, N.H.; Rajiv Kumar Chaturvedi e Indu K. Murthy (2008). Forest conservation, afforestation and reflorestation in India (Conservação florestal, florestação e reflorestação na Índia): Implications for forest carbon stocks. *Curr. Sci.* **95**(2): 216-222.

Rawat, S. Tajbar; B.L. Menaria, D. Dugaya e P.C. Kotwal (2008). Sustainable forest management in India (Gestão sustentável das florestas na Índia). Curr. Sci. 94(8): 997.

Rai, Rajiv (2007). Role of extension agencies in disseminat technologies on medicinal and aromatic plant and needs for their conservation through people's participation in Central India (Papel das agências de extensão na divulgação de tecnologias sobre plantas medicinais e aromáticas e necessidades para a sua conservação através da participação das pessoas na Índia Central). *Indian Forester* **133**(8): 1063-1074.

Rajendran, K. e T. Gunasekaran (2006). Plantas medicinais comuns e cultivadas e sua utilização pelos aldeões nos distritos do sul de Tamilnadu. *Indian Forester* **132**(12): 1631-1637.

Rastogi, Nidhi e Alind Rastogi (2007). Phytosociological analysis of the restored Sal *(Shorea robusta)* plantations and natural Sal forest of Tripura. *Indian Journal of Forestry* **30**(4): 377-385.

Reddy, K.N. e C. Sudhakar Reddy (2008). First Red List of Medicinal plants of Andhra Pradesh, India (Primeira lista vermelha de plantas medicinais de Andhra Pradesh, Índia). Avaliação da conservação e planeamento da gestão. *Ethnobotanical Leaflets* **12**; 103-107.

Sajwan, Bikram Singh e Chandra Prakash Kala (2007). Conservação de plantas medicinais: Conventional and contemporary strategies, regulations and executions. *Indian Forester* **133**(4): 484-495.

Samant, S.S. e Mohinder Pal (2003). Diversidade e estado de conservação das plantas medicinais no estado de Uttaranchal. *Indian Forester* **129**(9): 10901108.

Semwal, D.P.; P. Pardha Saradhi, B.P. Nautiyal e A.B. Bhatt (2007). Situação atual, distribuição e conservação de plantas medicinais raras e ameaçadas do santuário de vida selvagem de Kedarnath, Himalaias Centrais, Índia. *Curr. Sci.* **92**(12): 1733-1738.

Shah, G.L., S.S. Yadav e M.H. Parabia (1978). "Estudos fitossociológicos da vegetação da divisão florestal de Chhota Udepur, Gujrat Oriental (Índia)". *Indian J. For.* **3** : 47-53.

Shannon, C.E.; W. Weaner (1963). *The Mathematical Theory of Communication,* University of Illinois Press, Urbana, p. 177.

Sharda, A.K.; Tavitayya e S.K.Verma (2007). Conservação *ex-situ* de plantas medicinais e aromáticas na J.K.Paper Limited. *Indian Forester* **133**(11): 1545-1557.

Sharma, K.K.; A.K. Jaiswal e K.K. Kumar (2006). Role of lac culture in biodiversity conservation: Issues at stake and conservation strategy. *Curr. Sci.* **91**(7): 894-898.

Shankar, Darshan; P.M. Unnikrishnan e Padma Venkatasubramanian (2007). Need to develop inter-cultural standards for quality, safety and efficacy of traditional Indian systems of medicine (Necessidade de desenvolver normas interculturais para a qualidade, segurança e eficácia dos sistemas de medicina tradicionais indianos). *Curr. Sci.* **92**(11): 1499.

Singh, Dhan e Y.P.S. Pundir (2004). Wild medicinal plants of Jaunsar- Bawar (Western Himalayas), Uttaranchal. *Indian Forester* **130**(11): 1259-1271.

Singh, J.S.; Y.S. Rawat e O.P. Chaturvedi (1984). Replacement of Oak forest with Pine in the Himalaya affects the nitrogen cycle. *Nature,* 11: 54-60.

Singh, L. e J.S. Singh (1991). Estrutura das espécies, dinâmica da matéria seca e fluxo de carbono de uma floresta tropical seca na Índia. *Ann. Bot.* 68: 263-273.

Sukumaran, S.; G.S. Rejini Balasingh, A. Kavitha e A.D.S. Raj (2005). The floristic composition of Sacred Groves: A functional tool to analyse the mini forest ecosystem. *Indian Foreser* **131**(6): 773-785.

Sukumaran, S. e A.D.S. Raj (2007). Árvores e lianas raras, endémicas e ameaçadas (RET) nos bosques sagrados do distrito de Kanyakumari. *Indian Forester* **133**(9): 1254-1266.

Suraj, M.A. e A.R.R. Menon (2005). Análise fitossociológica da vegetação lenhosa ao longo de uma gradação altitudinal na colina de Ponmudi, distrito de Trichur, Kerala, Sul da Índia. *Jour. of Trop. Forestry* **21**(I&II): 11-16.

Tansley, A.G. e A.F. Chipp (1926). *Aims and Method in the study of Vegetation British Empire.* Vegetation Committee and Cross Agents for Colonies, Londres.

Thakur, A.S. e P.K. Khare (2008). Diversidade de espécies e composição da vegetação florestal do distrito de Sagar na Índia Central. *Indian Forester* **134**(6): 801-813.

Thakur, A.S. e P.K. Khare (2009). Composição da vegetação florestal e florística do distrito de Sagar, Índia Central. *J. Indian Bot. Soci.* **88**(122) : 11-17.

Tiwari, Pranesh (1992). *Plano de trabalho para a floresta de Koria,* Divisão Florestal, círculo de Surguja, vol. 1, Departamento Florestal de Chhattisgarh.

Tiwari, Dolly; P.C. Pande e Lalit Tiwari (2007). Medicamentos etno-veterinários à base de plantas da zona de Dwarahat, nos Himalaias Centrais. *Indian Forester* **133**(3): 379-390.

Tripathi, K.P. (2001). Ecologia da Floresta Reabilitada em Terreno Baldio Sódico. Tese de doutoramento, Universidade de Lucknow, Lucknow.

Tripathi, K.P.; S. Tripathi, T. Selven, K. Kumar, K.K. Singh, Shanta Mehrotra e P. Pushpangadan (2004). Community structure and species diversity of saddle peak forests in Andaman Island. *Trop. Ecol.*, **45**(2): 241-250.

Tripathi, K.P.; Shanta Mehrotra e P. Pushpangadan (2006). Caraterísticas da vegetação das florestas tropicais da ilha de Andaman. *Indian Forester,* **132**(2): 165-180.

Udayan, P.S. (2006). Notas sobre algumas espécies raras, endémicas e incluídas na lista vermelha de High Range (Mannavanshola) perto de Munnar, distrito de Idukki, estado de Kerala. *Indian Forester* **132**(11): 1453-1464.

Umashankar (2001). Um caso de elevada diversidade de árvores numa floresta de planície dominada por Sal *(Shorea robusta)* nos Himalaias Orientais: Composição florística, regeneração e conservação. *Curr. Science* **81**(7): 776-786.

Varghese, A.O. e A.R.R. Menon (1999). Nichos ecológicos e amplitudes de árvores raras ameaçadas e endémicas do santuário de vida selvagem de Peppara. *Curr. Sci.* **76**(9): 1204-1208.

Vashishtha, R.; B.P. Nautiyal e M.C. Nautiyal (2006). Estado de conservação e variações morfológicas entre populações de *Angelica glauca* Edgew e *Angelica archangelica* Linn. em Garhwal Himalayas. *Curr. Sci.* **91**(11): 1537-1542.

Verma, R. e S.S. Das (1981). "Estudos ecológicos sobre as florestas de Kolaras Range". *Indian J. For.* **4**: 123-128.

Vidhyarthy, Anil Kumar e H.S. Gupta (2004). Estudo etno-medicinal de algumas plantas importantes de Jharkhand e sua conservação. *Indian Forester* **130**(2): 149-156.

Vishalakshi, N. (1995). "Análise da vegetação de duas florestas tropicais secas e sempre-verdes no sul da Índia". *Trop. Ecol.* **36**: 117-127.

Watve, A.; R.V. Gandhe e K.R. Gandhe (2003). Estrutura e composição da vegetação de fragmentos florestais semi-verdes na área de Mulshi, no norte dos Ghats Ocidentais. *Ann. For.* **11**(2): 155-156.

Fontes Web :

www.cgvanoushadhi .gov.in

www.wikipedia2009

MIX
Papier aus verantwortungsvollen Quellen
Paper from responsible sources
FSC® C105338

Printed by Books on Demand GmbH, Norderstedt / Germany